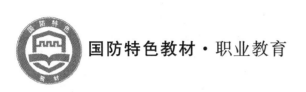 国防特色教材·职业教育

U0393282

Photoshop CS5 平面设计

主　编　欧君才

副主编　田晓明　黄　艳　肖　康　戚　炎

主　审　尤　琳

北京航空航天大学出版社

内容简介

本书全面系统地介绍了 Photoshop CS5 的基本操作方法和图形图像处理技巧,包括 Photoshop CS5 概述,图像概述,创建选区及编辑选区,视图的缩放和网格线、参考线的使用,图像的编辑、填充图像,绘图与图像处理工具,图层、路径、图像色彩调整、文字工具和滤镜等内容。

本书内容均以课堂案例为主线,通过对各案例的实际操作,以例激趣,以例说理、以例导行、易教易学,学生可以快速上手,熟悉软件功能和艺术设计思路。为方便教师教学,本书还配备了 PPT 教学课件供教师参考。

本书适合作为院校和培训机构的艺术专业课程教材,也可作为 Photoshop CS5 自学人员的参考用书。

图书在版编目(CIP)数据

Photoshop CS5 平面设计 / 欧君才主编. --北京:
北京航空航天大学出版社,2014.3
ISBN 978 - 7 - 5124 - 1295 - 8

Ⅰ.①P… Ⅱ.①欧… Ⅲ.①平面设计—图像处理软
件—高等职业教育—教材 Ⅳ.①TP391.41

中国版本图书馆 CIP 数据核字(2013)第 256921 号

Photoshop CS5 平面设计

主 编 欧君才

副主编 田晓明 黄 艳 肖 康 戚 炎

主 审 尤 琳

责任编辑 金友泉

*

北京航空航天大学出版社出版发行

北京市海淀区学院路 37 号(邮编 100191) http://www.buaapress.com.cn
发行部电话:(010)82317024 传真:(010)82328026
读者信箱:goodtextbook@126.com 邮购电话:(010)82316524
北京时代华都印刷有限公司印装 各地书店经销

*

开本:787×960 1/16 印张:17.75 字数:398 千字
2014 年 3 月第 1 版 2014 年 3 月第 1 次印刷 印数:3 000 册
ISBN 978 - 7 - 5124 - 1295 - 8 定价:38.00 元

前　言

  Adobe 公司于 2010 年 4 月 12 日发布了 Adobe Photoshop CS5 Extended。该软件是 Adobe 公司开发的一款跨平台的平面图像处理软件，其用户界面易于识别、功能强大、操作方便、性能稳定，兼容 Vista、Windows XP、Windows 7 或 Mac OS。因此本书将操作平台升级为 Photoshop CS5。

  Photoshop 是图形图像领域最领先的处理软件之一，在平面设计、网页设计、三维设计、数码照片处理等诸多领域广泛应用。Photoshop 也是一款实践性和操作性很强的软件，用户必须在练中学、学中练，这样才能够掌握软件操作知识。

  目前国内出版的 Photoshop 基础教程方面的图书非常多，但是重点介绍各种基本功能的应用方法，讲解如何综合运用这些功能来解决实际问题的图书却不多。而某些类似图书，选用的实例不是为了锻炼读者综合运用各种菜单或命令来解决实际问题的能力，只是勉强拼凑在一起。因而读完这些书后，读者头脑中的知识并不系统，在实际应用中也就不知道如何使用这些功能来完成特定的任务了。

  本书图文并茂、内容丰富、实用性强，充分考虑了 Photoshop 软件在使用时的操作性问题，针对图书内容进行了优化安排。根据读者的特点，讲解循序渐进，知识点逐渐展开，基础较薄弱的读者也可以轻松入门。为方便教师教学，本书配有电子教案，有需要的老师可向出版社索取。

  作者在本书的写作过程中付出了很多心血，并将多年从事 Photoshop 设计的经验毫无保留地奉献给了读者，由于作者水平有限，书中难免有不当和欠妥之处，敬请各位专家、读者批评指正。

作　者

2013 年 6 月

目　录

第1章 Photoshop CS5 概述

1.1 Photoshop CS5 软件介绍

Photoshop CS5 全称 Adobe Photoshop CS5 Extended，由 Adobe 公司于 2010 年 4 月 12 日正式发布，是 Adobe 公司开发的一个跨平台的平面图像处理软件，其用户界面易于识别、功能强大、操作方便、性能稳定，与 Vista、Windows XP、Windows7 或 Mac OS 兼容。

Adobe Photoshop 是世界公认的最好的平面美术设计软件之一，是专业设计人员的首选，也是图像处理爱好者常用的软件，主要应用于平面设计、网页设计、数码暗房、建筑效果图后期制作以及影像创意等。在现实应用中，几乎所有的广告、出版、图片处理过程中，Photoshop 都是首选的平面设计软件。它有强大的图像编辑、制作、处理功能，且操作简便、实用，备受各行各业人士的青睐。Photoshop CS5 的开启界面如图 1-1 所示。

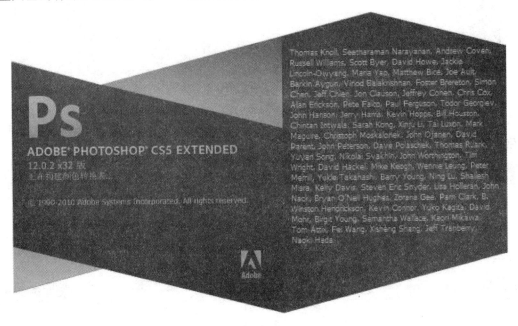

图 1-1

1.2 Photoshop CS5 界面介绍

Photoshop 软件界面主要由标题栏、菜单栏、工具属性栏、工具箱、工作区域控制面板、状态栏等组成，如图 1-2 所示。

工具属性栏
菜单栏
标题栏
工作区域
工具箱
控制面板
状态栏

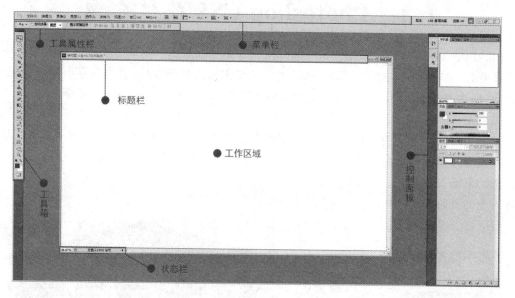

图 1-2

① 标题栏：标题栏位于窗口最顶端，显示的是文档的名称、当前图像的缩放大小、文档的颜色模式等信息，如图 1-3 所示。

未标题-1 @ 66.7%(RGB/8) *

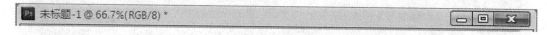

图 1-3

② 菜单栏：Photoshop CS5 包含 11 个菜单，位于标题栏下方。Photoshop 对菜单命令进行分类，当需要执行命令时，可到不同的菜单下选择需要的命令，如图 1-4 所示。

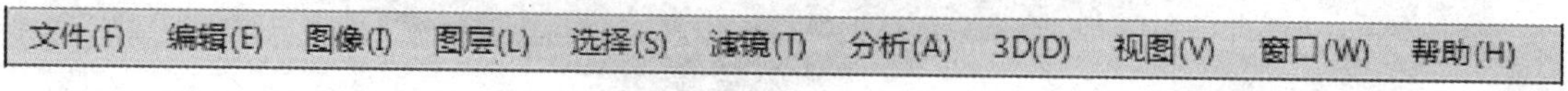

文件(F) 编辑(E) 图像(I) 图层(L) 选择(S) 滤镜(T) 分析(A) 3D(D) 视图(V) 窗口(W) 帮助(H)

图 1-4

③ 工具属性栏：工具属性栏位于菜单栏下方。不同的工具有不同的属性及可供调整参数的项目。当选择不同的工具时，会随着工具的改变而相应出现该工具的可调整项目，如图 1-5 所示。

图 1 - 5

④ 工具箱:Photoshop CS5 的工具箱位于界面的左侧。工具箱工具众多,功能丰富,功能类似的进行了一定的分类。用户可以选择不同的工具,来实现对图像的处理(见图 1 - 6)。根据不同显示尺寸等因素限制,用户可单击工具栏左上方的箭头,将工具栏收缩为两列,如图 1 - 7 所示。

⑤ 状态栏:状态栏位于窗口底部,可提供一些当前操作的帮助信息。

⑥ 工作区域:区域是显示图像和编辑图像的位置。刚打开软件时,工作区域是不会出现的,当打开一个文件或新建文件时才会出现。

⑦ 控制面板:控制面板可以完成各种图像处理操作和工具参数的设置,Photoshop CS5 提供了多个控制面板。其中包括:导航器、信息、颜色、色板、图层、通道、路径、历史记录、动作、工具预设、样式、字符和段落控制面板等,如图 1 - 8 所示。

以下对各常用面板进行介绍。

控制面板的工具种类很多,但在实际使用时不可能把每个工具面板都打开,可以根据实际操作情况选择关闭或打开需要的控制面板。通过图 1 - 9 所示的菜单栏 - 窗口关闭或打开需要的面板。

● 导航器面板:该面板用来显示图像上的略缩图,可以通过移动下方的缩放滑块迅速地对图像进行放大或缩小,并迅速移动图像显示的内容。要注意的是,这种方式的放大和缩小只是改变图片的浏览模式,并不改变图像本身的大小尺寸,如图 1 - 10 所示。

● 信息面板:该面板用于显示鼠标当前位置的数值和文档信息等。在选择图像或者移动图像时,会显示出所选范围的数据参数。如图 1 - 11 所示,可以看出目前光标所在图像位置的 RGB、CMYK 数值和 X、Y 轴的坐标,还有文件的大小。

图 1 - 6　　　图 1 - 7

图 1-8 　　　　　　　　　　　　　　　　图 1-9

● 直方图面板:该可用来查看有关图像的色调和颜色信息。默认情况下,直方图将显示整个图像的色调范围,如图 1-12 所示。

● 颜色面板:该面板的主要功能是选取颜色。可以通过调整面板中 R、G、B 的数值来选取需要的颜色,也可以直接在 R、G、B 三个选择框中直接输入色彩的数值来选择颜色,还可以在颜色选择条上单击,选取颜色,如图 1-13 所示。

图 1－10

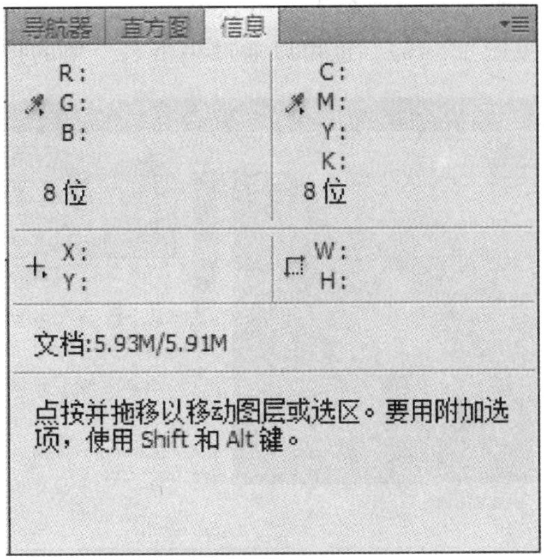

图 1－11

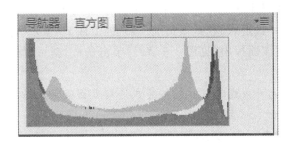

图 1－12

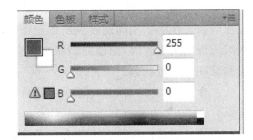

图 1－13

● 色板面板：该面板的功能类似颜色面板。面板可存储经常使用的颜色。可以在面板中添加或删除颜色，或者为不同的项目显示不同的颜色库，如图1－14 所示。

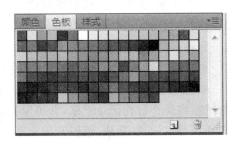

图 1－14

使用的方法是：选择需要的颜色，用光标单击该颜色即可。若想添加颜色到色板面板中，首先选择合适的颜色，单击拾色器中的"添加到色板"即可（见图1－15）。还可以通过单击右上角的按钮，对色板的其他功能进行设置。

● 样式面板：该面板用来给图形加一个样式。可以创建自定义样式将其存储为预设，然后通过"样式"面板使用此项预设。可以在库中存储预设样式，并在需要这些样式时通过"样式"调板载入或移去。可以单击右下角的"取消样式"、"新建样式"、"删除样式"按钮实现需求（见图 1-16）。也可以通过单击右上角的按钮对色板进行其他功能的设置。

图 1-15

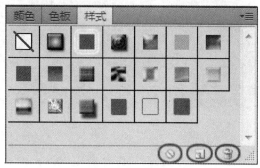

图 1-16

● 历史记录面板：该面板用来恢复图像或指定恢复上一步操作。可以使用"历史记录"面板在当前工作会话期间跳转到所创建图像的任一最近状态（默认情况下，只能返回 20 步）。每次对图像应用更改时，图像的新状态都会添加到该面板中（见图 1-17）。单击选框，就可以返回到某一个最近状态。

注意：文件关闭后，历史记录将不被保存。也可以通过快捷键的方式达到返回最近状态的效果。Ctrl+Z 表示返回上一步，Ctrl+Alt+Z 表示一直往上返回。

在历史记录面板的左下角有三个按钮（见图 1-17），分别是：

从当前状态创建新文档：在当前的状态下自动新建一个文件副本。

建立快照：在当前的状态下创建一个文件临时副本，选择一个快照并从图像的那个版本开始工作。

删除当前状态：删除当前文件的状态记录。

也可以通过单击右上角的按钮对色板进行其他功能的设置。

● 动作面板：该面板可用来录制一连串的编辑操作，以实现操作自动化。其功能类似于摄像机，将操作过程记录下来，并可以在以后使用时播放，从而实现记录下来的效果。使用"动作"面板可以记录、播放、编辑和删除某些操作的过程。一般使用于对一些常用效果操作的记录。在动作面板中可以单击组、动作或者命令左侧的三角形。单击该三角形，可展开或折叠一个组中的全部动作或一个动作中的全部命令。选择需要的动作并单击，电脑就会自动播放动画，文件也可以实现该动作所记录的效果。

动作面板下方从左到右的圈内按钮（见图 1-18）分别是：

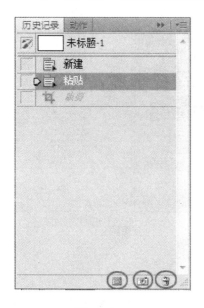

图 1 - 17　　　　　　　　　　　　　　　图 1 - 18

停止播放／记录：可以停止播放动作。

开始记录：开始记录动作，也就是开始记录操作的过程。

播放选定：播放选择的动作过程。

创建新组：创建一个新的动作组别。

创建新动作：创建一个新的动作，记录操作过程。

删除：删除选择的动作。

也可以通过单击右上角的按钮对色板进行其他功能的设置。

● 图层面板：该面板列出了图像中的所有图层、图层组和图层效果。可以使用图层面板来显示或隐藏图层、创建新图层以及创建图层组。可以在图层面板菜单中访问其他命令和选项。

图层面板（见图 1 - 19）其他功能有：

图层的混合模式：可以选择图层与图层之间的相互混合方式。

图层的不透明度：可以调整选定图层的不透明度。100％表示不透明，0％表示全透明。

技能点拨：图层不透明度的调整，除了通过输入数字数值可以调整外，也可以有更加便捷的方式，其方法是按下键盘中的数字“1”为 10％透明，按下键盘中的数字“2”为 20％透明，以此类推。

锁定：可以对图层进行锁定或解锁等操作。

填充的不透明度：可以设置图层内部的填充不透明度。

眼睛按钮：单击可以实现该图层的显示或不显示操作。

当选定一个图层时，该图层显示蓝色。

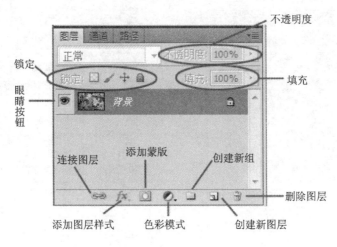

图 1 - 19

图层面板的下方按钮从左到右分别是：

连接图层按钮：可以将 2 个以上的图层连接在一起。操作方法是：按 Shift 选择需要连接的图层，再单击该按钮即可。解开连接的操作与连接的操作相反。

添加图层样式按钮：可以为该图层添加多个图层处理的效果。清除图层样式可以右击该图层，选择"清除图层样式"。

添加蒙版按钮：单击此按钮可以给图层添加图层蒙版。右击蒙版区域，可以对蒙版进行其他方面的操作。

创建新的填充或调整图层：该按钮可以为图层创建新的填充方式或调整图层的色彩模式。

创建新组按钮：可以创建新的按钮组。创建按钮的目的是为了更好地管理图层。当文件的图层较多时，可以将同一类的图层放在同一个组别中。

创建新图层按钮：可以删除选定的图层，也可通过单击右上角的按钮对色板进行其他功能的设置。

删除图层按钮：可以删除选定的图层，也可以通过单击右上角的按钮对色板进行其他功能的设置。

● 通道面板：该面板用来记录图像的颜色数据和保存蒙版内容。对于 RGB、CMYK 和 Lab 图像，将最先列出复合通道。通道内容的缩览图显示在通道名称的左侧，在编辑通道时会自动更新缩览图，如图 1 - 20 所示。

图 1 - 20

当单击 RGB 通道时,图像显示没有变化。当单击红、绿、蓝中的任一通道时,图像显示的是该通道的效果;也可以通过单击左侧的"眼睛"按钮来查看不同通道。

面板下方从左到右的圈内按钮分别是:

通道作为选区载入:单击此按钮,可以看到图像会自动建立一个蚂蚁线的选区。不同的通道建立的选区也不相同。

选区存储为通道:可以将建立的选区存储在通道中,方便后期使用。

创建新通道:可以建立新通道。

删除当前通道:可以删除当前选择的通道,也可以通过单击右上角的按钮对色板进行其他功能的设置。

● 路径面板:该面板用来建立矢量式的图像路径,并将现有的路径进行保存。它列出了每条存储的路径、当前工作路径和当前矢量蒙版的名称和缩览图。当使用路径工具(如钢笔工具)时,在路径面板中就会记录下绘制的路径,如图 1 - 21 所示。

面板下方从左到右的圈内按钮分别是:

用前景色填充路径:用目前选用的前景色来填充当前选择的路径。

用画笔边描边路径:使用当前选择的画笔笔刷沿着当前路径进行描边。

将路径作为选区载入:可以将当前选择的路径转化为选区。

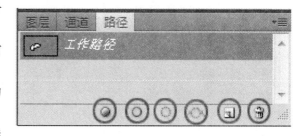

图 1 - 21

从选区生成路径:可以将选区转换为路径。

创建新路径:可以创建新的路径层。

删除当前路径:可以删除当前选择的路径,也可以通过单击右上角的按钮对色板进行其他功能的设置。

● 工具预设面板:工具预设面板是 Photoshop 为了方便用户保护和调用特定设置的工具箱工具而设计的一个功能。在使用画笔时,需要对其进行颜色、硬度、直径等设定,且在以后的图形中还要用到这一相同设置的画笔。这时,可以把这个设置的画笔保存为"工具预设",下次需要时调出就可以使用,不必重新设置,方便快捷。还可以通过按钮创建和删除工具预设,如图 1 - 22 所示。

● 画笔预设面板:预设画笔是一种存储的画笔笔尖,带有诸如大小、形状和硬度等定义的特征。可以使用常用的特性来存储预设画笔,也可以为画笔工具存储工具预设。可以从选项栏中的"工具预设"菜单中选择这些工具预设。此面板还可以对画笔的笔尖、形态、纹理等进行设置。当更改预设画笔的大小、形状或硬度时,更改是临时性的。下一次选取该预设时,画笔将使用其原始设置。要想使所做的更改成为永久性的更改,就需要创建一个新的预设,如图 1 - 23 所示。

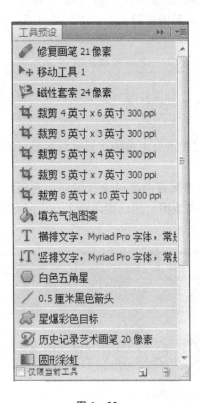

图 1 - 22

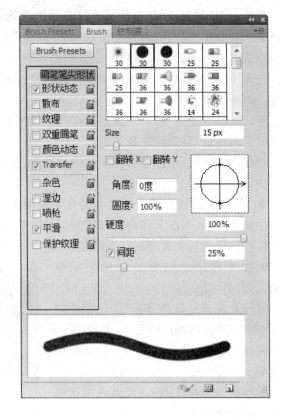

图 1 - 23

● 仿制源面板：使用该面板，最多可以为仿制图章工具或修复画笔工具设置五个不同的样本源。可以显示样本源的叠加，以帮助在特定位置仿制源，也可以缩放或旋转样本源以按照特定大小和方向仿制源，如图1-24 所示。

● 字符面板：用来控制文字的字符格式(见图 1 - 25)是用于设置字符格式的选项。在文字工具处于选定状态的情况下，要在"字符"面板中设置某个选项，就从该选项右边的弹出式菜单中选取一个值。对于具有数字值的选项，也可以使用向上或向下箭头来设置值，或者可以直接在文本框中输入编辑值。当直接编辑时，按Enter 键可应用值。

● 段落面板：使用"段落"面板可更改列和段落的

图 1 - 24

格式设置(见图 1-26)。要在"段落"面板中设置带有数字值的选项,可以使用向上和向下箭头,或直接在文本框中编辑值。当直接编辑时,按 Enter 键可应用值。

图 1-25　　　　　　　　　　　　　　　　图 1-26

1.3　Photoshop CS5 新增功能

1. 自动镜头更正

Adobe 从机身和镜头的构造上看实现了镜头的自动更正,主要包括减轻枕形失真(pin-cushion distortion),修饰曝光不足的黑色部分以及修复色彩失焦(chromatic aberration)。当然这一调节也支持手动操作,用户可以根据自己的不同情况进行修复设置,并且可以从中找到最佳的配置方案。

2. 支持 HDR(High Dynamic Range,高动态范围)调节

Photoshop 在 HDR 的帮助下,可以使用超出普通范围的颜色值,因而能渲染出更加真实的 3D 场景。

3. 区域删除

这个功能是自动实现的,用户仅仅需要按照规则填充区域即可自然清除区域中物体。

4. 先进的选择工具

选择全新优化细致到毛发级别工具的,可以利用快速选择之后的调整边缘工具来进行抠

图，替代了原先通过通道来抠图的繁琐。

5. Puppet Warp(新功能)

Puppet Warp 让在一张图上建立网格，然后用「大头针」固定特定的位置后，其他的点可以用简单的拖拉移动。

6. 全新笔刷系统

本次升级的笔刷系统将以画笔和染料的物理特性为依托，新增多个参数，实现较为强烈的真实感，包括墨水流量、笔刷形状以及混合效果。借助 openGL 硬件加速，可以模拟出毛笔和钢笔等的物理特性，比如毛笔的下笔力度，横刷或者立写。

第 2 章　图像概述

2.1　位图图像和矢量图像

计算机图形分为位图图像和矢量图像两大类,认识其特色和差异,有助于创建、输入、输出编辑和应用数字图像。位图图像和矢量图像没有好坏之分,只是用途不同而已。因此,整合位图图像和矢量图像的优点,才是处理数字图像的最佳方式。

2.1.1　位图图像

位图图像亦称像素图,它由像素或点的网格组成,Photoshop 以及其他的绘图软件一般都使用位图图像。与矢量图像相比,位图图像更容易模拟照片的真实效果,其工作方式就像是用画笔在画布上作画一样。如果将这类图形放大到一定的程度,就会发现它是由一个个小方格组成的,这些小方格被称为像素点。一个像素点是图像中最小的图像元素,每个像素点都被分配一个特定位置和颜色值。在处理位图图像时,您编辑的是像素而不是对象或形状,即编辑的是每一个点。

位图图像与分辨率有关,即在一定面积的图像上包含有固定数量的像素。因此,如果在屏幕上以较大的倍数放大显示图像,或以过低的分辨率打印,位图图像会出现锯齿边缘。

位图图像具有以下特点:

① 文件所占的存储空间大,对于高分辨率的彩色图像,用位图存储所需的储存空间较大,像素之间独立,所以占用的硬盘空间、内存和显存比矢量图大。

② 位图放大到一定倍数后,会产生锯齿。由于位图是由最小的色彩单位"像素点"组成的,所以位图的清晰度与像素点的多少有关。

不同放大级别的位图图像示例如图 2-1 所示。

③ 位图图像在表现色彩、色调方面的效果比矢量图更加优越,尤其在表现图像的阴影和色彩的细微变化方面效果更佳。

3 : 1

24 : 1

图 2 - 1

2.1.2　矢量图像

矢量图像也称面向对象的图像或绘图图像,在数学上定义为一系列由线连接的点。像 AutoCAD、CorelDraw、Adobe Illustrator、Freehand 等软件是以矢量图像为基础进行创作的。矢量文件中的图形元素称为对象。每个对象都是一个自成一体的实体,它具有颜色、形状、轮廓、大小和屏幕位置等属性。既然每个对象都是一个自成一体的实体,就可以在维持它原有清晰度和弯曲度的同时,多次移动和改变它的属性,而不会影响图形中的其他对象。这些特征使基于矢量的程序特别适用于标志设计、图案设计、文字设计、版式设计和三维建模等,它所生成的文件也比位图文件要小。

由于这种保存图形信息的办法与分辨率无关,因此无论放大或缩小多少,都有一样平滑的边缘,一样的视觉细节和清晰度。

矢量图像具有以下特点:

① 一般的线条图形和卡通图形,存成矢量图文件比存成位图文件要小很多。矢量图形是文字(尤其是小字)和线条图形(比如徽标)的最佳选择。

② 移动、缩放或更改颜色不用担心会造成失真和形成色块而降低图形的品质。不同放大级别的矢量图像示例如图 2 - 2 所示。

③ 存盘后文件的大小与图形中元素的个数和每个元素的复杂程度成正比,而与图形面积和色彩的丰富程度无关。

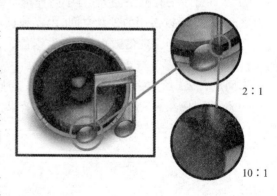

2 : 1

10 : 1

图 2 - 2

④ 通过软件,矢量图可以轻松地转化为位图,而位图转化为矢量图就需要经过复杂而庞大的数据处理,而且生成的矢量图的质量绝对不能和原来的图形比拟。

2.2　分　辨　率

2.2.1　分辨率的概念

分辨率是指单位长度上的点(即像素)的多少。例如一张 3 in×5 in 大小的图像,当以 300ppi 的分辨率进行输出时,该图像的像素值为(3×300)×(5×300)像素＝1 350 000 个像素。分辨率越高,单位长度中所包含的像素也就越多,输出的图像品质也越精细。

2.2.2　分辨率的类型

分辨率通常可以分为以下几种类型。

1. 图像分辨率

一幅图像中,每单位长度能显示的像素数目称为该图像的分辨率。图像分辨率是以每英寸含有多少像素来计算的,单位为"像素/英寸"(Pixel Per Inch,ppi)。

一幅高分辨率的图必定比尺寸相同但分辨率较低的图像包含更多且更小的像素。图像应采用多少分辨率,最终要以发行媒介来决定。如果在计算机或者网络上使用 72 像素即可;如果将设计的图片用于印刷的话,图像应达到 300~350 像素的分辨率,否则会导致图像像素化。但是使用过高的分辨率,不但不会增加品质,反而会增加文件的大小,降低输出的速度。

2. 显示器分辨率

显示器上每单位长度所能显示的像素或点的数目,称为该显示器的分辨率。它是以每英寸含有多少点来计算的,通常以"点/英寸"(Drop Per Inch,dpi)为单位。显示器分辨率是由显示器的大小与显示器的像素设定,以及显卡的性能来决定的,一般为 72 像素。

3. 打印机分辨率

打印机在每英寸所能产生的墨点数目,称为打印机的分辨率,也称输出分辨率。与显示器分辨率类似,打印机分辨率也以"点/英寸"来衡量。打印机的分辨率决定于图像的层/输出质量的比值。为了达到更好的效果,图像分辨率可以不必与打印机的分辨率完全相同,但要和打印机的分辨率成比例。

2.3 颜色模式

2.3.1 颜色模式的概念

在 Photoshop 中,可以为每个文档选取一种颜色模式。颜色模式是指在电脑中颜色的不同组合方式,它决定了用来显示和打印所处理图像的颜色方法。通过选择某种特定的颜色模式,就可选用某种特定的颜色模型(一种描述颜色的数值方法)。换句话说,颜色模式以建立好的描述和重现色彩的模型为基础,每一种模式都有它自己的特点和适用范围,用户可以按照制作要求来确定颜色模式,并且可以根据需要在不同的颜色模式之间转换。

颜色模式是图形设计最基本的知识,下面是 Photoshop 中包含的颜色模式。即颜色模式包括:RGB 模式、CMYK 模式、HSB 模式、Lab 模式、Indexed 模式、Bitmap 模式、GrayScale 模式等,它们决定了图像中的颜色数量、通道数和文件大小。

以下介绍一些常用的颜色模式。

1. RGB 颜色模式

RGB 色彩模式是工业界的一种颜色标准,是通过对红(R)、绿(G)、蓝(B)三种颜色的变化以及它们相互之间的叠加得到各式各样的颜色,RGB 即代表红、绿、蓝三种颜色,它包括了人类视力所能感知的所有颜色,是目前运用最广的颜色系统之一。在 8 位/通道的图像中,RGB 颜色模式使用 RGB 模型为图像中每一个像素的 RGB 分量分配一个 0～255 范围内的强度值。例如:纯红色 R 值为 255,G 值为 0,B 值为 0;灰色的 R、G、B 三个值相等(除了 0 和 255);白色的 R、G、B 都为 255;黑色的 R、G、B 都为 0。

RGB 图像使用三种颜色或通道在屏幕上重现颜色。在 8 位/通道的图像中,这三个通道将每个像素转换为 24(8 位×3 通道)位颜色信息。对于 24 位图像,可重现多达 1 670 万种颜色。对于 48 位(16 位/通道)和 96 位(32 位/通道)图像,甚至可重现更多的颜色。新建的 Adobe Photoshop 图像的默认模式为 RGB,计算机显示器使用 RGB 模型显示颜色。

2. CMYK 颜色模式

CMYK 颜色模式是一种专门针对印刷业设定的颜色标准,是通过对青(C)、洋红(M)、黄(Y)、黑(K)四种颜色变化以及它们相互之间的叠加得到各种颜色,CMYK 既代表青、洋红、黄、黑四种印刷专用的油墨颜色,也代表 Photoshop 软件中四个通道的颜色。CMYK 模式中的每个像素的每种印刷油墨会被分配一个百分比值,最亮(高光)的颜色分配较低的印刷油墨颜色百分比值,较暗(暗调)的颜色分配较高的印刷油墨颜色百分比值。例如,明亮的红色包含

2％青色、93％洋红、90％黄色和 0％黑色。在 CMYK 图像中,当所有四种分量的值都是 0％时,就会产生纯白色。

在来用印刷色打印图像时,应使用 CMYK 模式。CMYK 色彩不如 RGB 色彩丰富饱满,将 RGB 图像转换为 CMYK 即产生分色。如果从 RGB 图像开始,则最好先在 RGB 模式下编辑,然后在处理结束时转换为 CMYK。

3. HSB 颜色模式

HSB 颜色模式是根据日常生活中人眼的视觉特征而制定的一套颜色模式,最接近于人类对色彩辨认的思考方式。HSB 颜色模式以色相(H)、饱和度(S)和亮度(B)描述颜色的基本特征。

色相指从物体反射或透过物体传播的颜色。在 0～360°的标准色轮上,色相是按位置计量的。在通常使用中,色相由颜色名称标识,比如红、橙或绿色。饱和度是指颜色的强度或纯度,用色相中灰色成分所占的比例来表示,0％为纯灰色,100％为完全饱和。在标准色轮上,从中心位置到边缘位置的饱和度是递增的。亮度是指颜色的相对明暗程度,通常将 0％定义为黑色,100％定义为白色。

4. Lab 颜色模式

Lab 颜色模式由亮度分量(L)和两个色度分量组成,这两个分量是 a 分量(从绿到红)和 b 分量(从蓝到黄)。其中 L 分量的范围是 0～100,a 分量和 b 分量的范围是 +127～-128。Lab 颜色模式与设备无关,不管使用什么设备(如显示器、打印机或扫描仪)创建或输出图像,这种颜色模式产生的颜色都保持一致。Lab 颜色模式通常用于处理 Photo CD(照片光盘)图像,单独编辑图像中的亮度和颜色值,及在不同系统间转移图像以及打印到 PostScript(R) Level 2 和 Level 3 打印机中去。要将 Lab 图像打印到其他彩色 PostScript 设备,应首先将其转换为 CMYK。

5. Indexed Color(索引)颜色模式

索引颜色模式用最多 256 种颜色生成 8 位图像文件。将图像转换为索引颜色模式时,通常会构建一个调色板存放并索引图像中的颜色。如果原图像中的某种颜色没有出现在调色板中,程序会选取已有颜色中最相近的颜色或使用已有颜色模拟该种颜色。

在索引颜色模式下,通过限制调色板中颜色的数目可以减小文件大小,同时保持视觉上的品质不变。在网页中常常需要使用索引模式的图像。

6. Bitmap(位图)颜色模式

位图模式的图像只有黑色与白色两种像素组成,每一个像素用"位"来表示。"位"只有两种状态:0 表示有点,1 表示无点。位图模式主要用于早期不能识别颜色和灰度的设备。如果需要表示灰度,则需要通过点的抖动来模拟。位图模式通常用于文字识别,如果扫描需要使用OCR(光学文字识别)技术识别的图像文件,须将图像转化为位图模式。

7. Grayscale(灰度)颜色模式

灰度模式在图像中使用不同的灰度级。在 8 位图像中,最多有 256 级灰度。灰度图像中的每个像素有一个 0(黑色)到 255(白色)之间的亮度值。在 16 和 32 位图像中,图像中的级数比 8 位图像要大得多。灰度值也可以用黑色油墨覆盖的百分比来度量(0 %等于白色,100 %等于黑色)。使用黑白或灰度扫描仪生成的图像通常以灰度模式显示。在将彩色图像转换为灰度模式的图像时,会扔掉原图像中所有的色彩信息。与位图模式相比,灰度模式能够更好地呈现出高品质的图像效果。

2.3.2　颜色模式的转换

为了在不同的场合正确输出图像,有时需要把图像从一种模式转换为另一种模式。Photoshop 通过执行"图像/模式(IMAGE/MODE)"子菜单中的命令,来转换需要的颜色模式。这种颜色模式的转换有时会永久性地改变图像中的颜色值。例如,将 RGB 模式图像转换为CMYK 模式图像时,CMYK 色域之外的 RGB 颜色值被调整到 CMYK 色域之外,从而缩小了颜色范围。由于有些颜色在转换后会损失部分颜色信息,因此在转换前最好为其保存一个备份文件,以便在必要时恢复图像。

1. 将其他模式的图像转换为位图模式

将图像转换为位图模式会使图像减少到两种颜色,从而大大简化图像中的颜色信息并减小文件大小。在将彩色图像转换为位图模式时,可先将其转换为灰度模式。这将删除像素中的色相和饱和度信息,而只保留亮度值。但是,由于只有很少的编辑选项可用于位图模式图像,所以最好是在灰度模式中编辑图像,然后再将它转换为位图模式。

2. 将彩色模式的图像转换成灰度模式

如果将彩色模式的图像转换成灰度模式,图像中的颜色就会产生分色,颜色的色域就会受到限制。因此,如果图像是彩色模式的,最好选在彩色模式下编辑,然后再转换成灰度图像。

3. 将位图模式图像转换为灰度模式

可以将位图模式图像转换为灰度模式,以便对其进行编辑。在灰度模式下编辑过的位图模式图像在转换回位图模式后,看起来可能与原来不一样。例如,在位图模式下为黑色的像素,在灰度模式下经过编辑后可能会转换为灰度级。在将图像转回到位图模式时,如果该像素的灰度值高于中间灰度值 128,则将其渲染为白色。

注意:灰度模式可作为位图模式和彩色模式间相互转换的中介模式。

4. 将其他模式转换为索引模式

在将彩色图像转换为索引颜色时,会删除图像中的很多颜色,而仅保留其中的 256 种颜色,即许多多媒体动画应用程序和网页所支持的标准颜色数。只有灰度模式和 RGB 模式的图像可以转换为索引颜色模式。该转换通过删除图像中的颜色信息来减小文件大小。

注意:图像在转换为位图或索引颜色模式时应进行拼合,因为这些模式不支持图层。

5. 利用 Lab 模式进行模式转换

在 Adobe Photoshop 所能使用的颜色模式中,Lab 模式的色域最宽,它包括 RGB 和 CMYK 色域中的所有颜色。所以使用 Lab 模式进行转换时不会造成任何色彩上的损失。Adobe Photoshop 便是以 Lab 模式作为内部转换模式来完成不同颜色模式之间的转换。例如,在将 RGB 模式的图像转换为 CMYK 模式时,计算机内部首先会把 RGB 模式转换为 Lab 模式,然后再将 Lab 模式的图像转换为 CMYK 模式图像。

2.4　图像格式

图像格式是指计算机中存储图像文件的方法,代表不同的图像信息——矢量图形还是位图图像、色彩数和压缩程度。图形图像处理软件通常会提供多种图像文件格式,每一种格式都有它的特点和用途。了解图像文件的特征,能够帮助用户在处理时做出最佳的选择。下面介绍几种常用的图像文件格式及其特点。

1. PSD 格式

PSD 格式是 Photoshop 特有的图像文件格式,支持 Photoshop 中所有的图像类型。PSD 格式很好地保存层、通道、路径、蒙版以及压缩方案不会导致数据丢失等。但是,很少有应用程序能够支持这种格式。所以,在图像制作完成后,通常需要转换为一些比较通用的图像格式,以便输出到其他软件中继续编辑。另外,用 PSD 格式保存图像时,图像没有经过压缩,所以,当图层较多时,会占很大的硬盘空间,这比其他格式的图像文件要大得多。

2. BMP 格式

BMP 格式是 Windows 操作系统中的标准图像文件格式,即位图图像格式,能够被多种 Windows 应用程序所支持。BMP 格式支持 RGB、索引色、灰度和位图颜色模式,但不支持

Alpha 通道。彩色图像存储用 BMP 格式时,每一个像素所占的位数可以是 1 位、4 位、8 位或 32 位,相对应的颜色数也从黑白一直到真彩色。BMP 格式包含的图像信息较丰富,几乎不进行压缩,因此,BMP 文件所占用的空间比较大。

3. GIF 格式

GIF 格式可以极大地节省存储空间,是网络上使用极广泛的一种压缩文件格式,常见于简易的小动画制作。该格式不支持 Alpha 通道,最大缺点是最多只能处理 256 种色彩,不能用于存储真彩色的图像文件。但 GIF 格式支持透明背景,可以较好地与网页背景融合在一起。

4. JPEG 格式

JPEG(JPG)是一种有损压缩格式,文件体积可以有效压缩。在色彩要求度不高,允许图形失真的前提下,与 GIF 格式一样,是网页图像上经常采用的一种文件格式。由于 JPEG 格式会损失数据信息,因此,在图像编辑过程中需要以其他格式(如 PSD 格式)保存图像,将图像保存为 JPEG 格式只能作为制作完成后的最后一步操作。

5. PNG 格式

与 JPEG 格式的有损压缩相比,PNG 图像格式使用无损压缩方式来减少文件的大小;与 GIF 格式相比,PNG 图像格式不支持多图像文件或动画文件。综合了 JPEG 和 GIF 的优点,PNG 格式具有图形透明自然和文件大小适中的特点。

6. TIFF 格式

TIFF(TIF)是印刷业中使用最广的图形文件格式,几乎被所有绘画、图像编辑和页面排版应用程序所支持,但不适用于在 Web 浏览器中查看。在将图像保存为 TIFF 格式时,通常可以选择保存为 IBM PC 兼容计算机可读的格式或者苹果(Macintosh)计算机可读的格式,是跨平台操作时的标准文件格式。

7. EPS 格式

EPS 格式是最常见的线条共享文件格式,是目前桌面印前系统普遍使用的通用交换格式当中的一种综合格式,可以用于存储矢量图形。就目前的印刷业来说,使用这种格式生成的文件,几乎所有的矢量绘制和页面排版软件都支持该格式。在 Photoshop 中打开其他应用程序创建的包含矢量图形的 EPS 文件时,Photoshop 会对此文件进行栅格化,将矢量图形转换为位图图像。

第3章 创建选区及编辑选区

本章学习如何创建选区及对选区的编辑操作,创建选区也是对图形图像进行编辑处理前要对图形图像进行选区的选择操作。选区的创建有很多方法,最常用的有套索工具、选框工具及创建路径这三种方法,下面逐一给以叙述。

3.1 创建选区

3.1.1 规则选区

规则选区(选框工具组)(快捷键 M)是相对于创建不规则选区而言的,也就是选框工具组。该组工具有矩形选框工具、椭圆形选框工具、单行选框工具、单列选框工具这四种工具,如图 3－1 所示。

当需要对图像的某个地方或圆形等区域进行处理时,选框工具是用来建立这些选区的(也称为蚂蚁线)。建立选区的目的就是使电脑处理选区内的区域,如图 3－2 所示。

图 3－1   图 3－2

选择矩形选框工具,在画布上直接拖动就可以画出需要的矩形,如图 3－3 所示。

选择椭圆形选框工具,在画布上直接拖动就可以画出需要的椭圆形,如图 3-4 所示。

图 3－3   图 3－4

选择单行或单列选框工具,在画布上直接拖动就可以画出一个像素宽的直线选区,如图 3－5

所示。

技能点拨:使用矩形或椭圆选框工具时,在按住 Shift 键的同时单击左键并拖动鼠标则可以绘制出正方形或正圆形,如图 3-6 所示。

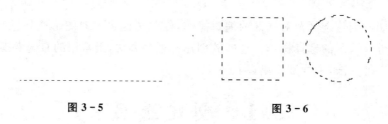

图 3-5   图 3-6

3.1.2 不规则选区

不规则选区(套索工具组)(快捷键 L)是相对于规则选区而言的,也就是套索工具组,相对于规则选区,不规则选区的创建是徒手创建的。该工具组的工具有自由套索工具、多边形套索工具、磁性套索工具三种工具,如图 3-7 所示。

技能点拨:该工具的叠加选择、去除选择、相交选择的方法和选框工具是相同的,如图 3-8 所示。

图 3-7   图 3-8

套索工具:也称自由套索工具,可以绘制出任意外形的选区。只要按住鼠标左键再拖动鼠标就可以自动生成一个封闭的蚂蚁线选区。这个工具的弱点是无法很准确地选择图形的外轮廓,如图 3-9 所示。

多边形套索工具:单击左键生成起始点,移动鼠标选择合适位置再次单击,以此不断单击,最后形成一个封闭的选区。该工具最适合选择外形是直线的图像,如图 3-10 所示。

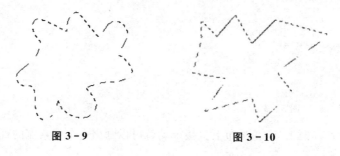

图 3-9   图 3-10

磁性套索工具：在起点处单击一下，然后沿着图形的边沿拖动鼠标，便自动捕捉图形的边缘，从而达到选择图形的目的。该工具最适合于选择图形的边缘与背景颜色明暗度较大时的情况下使用，当图形的边缘与背景的颜色明暗度相似时，则很难选择出很好的选区，如图 3-11 和图 3-12 所示。

图 3-11　　　　　　　　　　　　　　图 3-12

3.1.3　魔棒工具组

魔棒工具（快捷键 W）是另外一种选区工具，它的选取选区的方式有魔术般的效果。当图像颜色形似的区域，只需要单击鼠标就可以完成。该工具组有魔棒工具和快速选择工具两种，如图 3-13 所示。

技能点拨：该工具的叠加选择、去除选择、相交选择的方法和选框工具是相同的。

魔棒工具：需要的区域里，当图像中颜色较一致时，只要选择该工具，在需要选择的区域内单击即可，如图 3-14 所示。

图 3-13　　　　　　　　　　　　　　图 3-14

　　使用魔棒工具时,在工具属性栏中可以设置"容差值"。当容差值越大时,选取的色彩的范围就越大,反之越小,如图 3-15 所示。

　　快速选择工具:拖动时,选区会向外扩展并自动查找和跟随图像中定义的边缘,如图 3-16 所示。

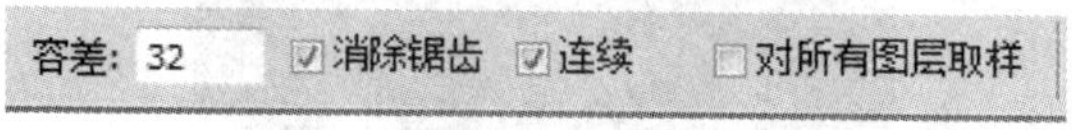

容差: 32　☑消除锯齿　☑连续　□对所有图层取样

图 3-15　　　　　　　　　　　　　　　　　　　　　　图 3-16

3.2　编辑选区

　　编辑选区是本章讲到的选区工具组、套索工具组及魔棒工具组所适用的选区编辑方式,有新选区、叠加选择、去除选择和相交选择四种方式,如图 3-17 所示。

　　该图显示在所选择的相应工具的工具属性栏中,例如当选择魔棒工具时,如图 3-18 所示。

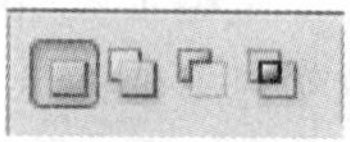

图 3-17

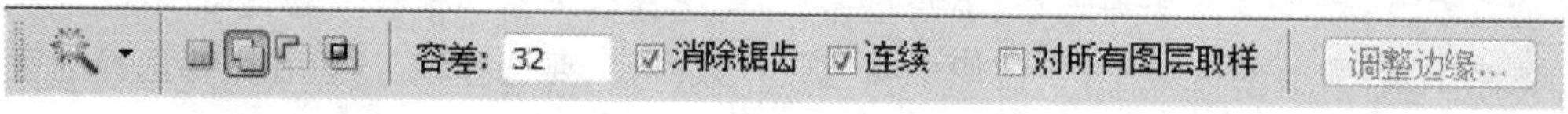

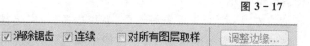

图 3-18

3.2.1　工具属性栏

　　▣ 新选区:在这种模式下,当再次作用选框工具时,前一次的选区将自动消失,如图 3-19 所示。

　　▣ 叠加选择:在这种模式下,可先将选择的区域叠加在一起,使最后的效果是所有选区的总和,按住 Shift 键绘制可以直接实现这种效果,如图 3-20 所示。

　　▣ 去除选择:在这种模式下,能从已经建立的选区除去与新建立选区相交的部分,按住

Alt 键绘制可以实现这种效果,如图 3-21 所示。

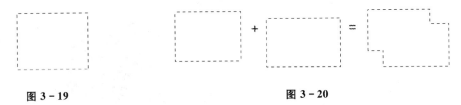

图 3-19   图 3-20

▣ 相交选择:是多次选择之后留下共同的部分,按住 Shift+Alt 键绘制便可直接实现这种效果,如图 3-22 所示。

图 3-21   图 3-22

3.2.2 羽 化

羽化(快捷键 shift+F6)是对所选选区进行的一项编辑,其原理就是令选区内外衔接的部分虚化,起到渐变自然衔接的效果。羽化值越大虚化范围越宽,渐变越柔和,羽化值越小虚化范围越窄。羽化后的选区常用来进行填充、删除等操作。在 Photoshop CS5 中羽化的快捷键是 shift+F6,同时也可以通过菜单栏(选择—修改—羽化)来完成,如图 3-23 所示。

下面是对以矩形选区进行羽化 30 像素后再进行前景色填充的效果,如图 3-24 所示。

3.2.3 反 选

反选(快捷键 Ctrl+shift+I)是对所选选区进行的一项编辑,其原理是对整幅图像文件所选选区进行反向选择。其快捷键是 Ctrl+shift+I,同时也可通过菜单栏(选择—反向)来完成,如

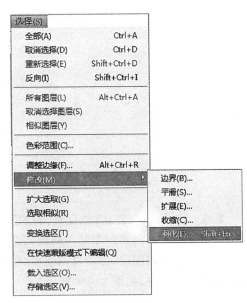

图 3-23

图3-25所示。

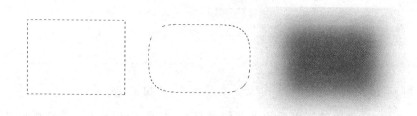

图 3 - 24

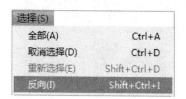

图 3 - 25

下面对椭圆选区反选后再进行前景色填充的效果,如图 3-26 所示。

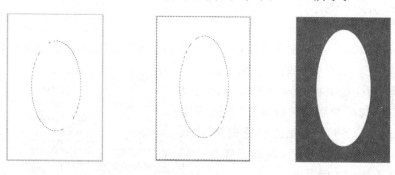

图 3 - 26

3.3 综合实例——花卉图案

新建一个 PSD 文件,背景设置为白色。在背景图层上新建一层来制作花卉图案。首先,使用椭圆选框工具创建一个竖向的椭圆选区(见图 3-27)并填充前景色,取消选区。

复制一个当前图层,使用自由变换(快捷键 Ctrl+T)旋转图形,使图形顺时针旋转底部与下面图层底部相连,如图 3-28 所示。

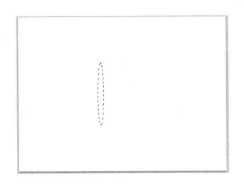

图 3 - 27

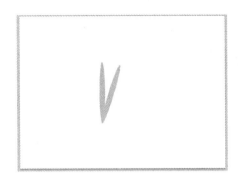

图 3 - 28

　　选择当前图层向下合并(向下合并图层快捷键 Ctrl＋E),使两个花瓣在同一图层。复制合并后的图层,再使用自由变换旋转图层,同样使图形顺时针旋转底部与下面图层底部相连,如图 3 - 29 所示。

　　选择当前图层向下合并,使四个花瓣在同一图层。复制合并后的图层,使用自由变换旋转当前图层调整为八个花瓣成向心发射状,并向下合并图层,如图 3 - 30 所示。

图 3 - 29

图 3 - 30

　　使用矩形选框工具为花朵加一个花茎,填充前景色,如图 3 - 31 所示。

　　选择(编辑—变换—变形)工具(见图 3 - 32),对花卉图形进行拉扯变形处理,如图 3 - 33 所示。

　　对变形处理后的图形图层进行复制,并进行大小方向的调整,组合成组合花卉图案,对图层进行合并,如图 3 - 34 所示。

　　锁定花卉图案所在图层单击锁定图标(见图 3 - 35),在选择合适的前景色对该图层进行填充或渐变填充,即可得到好看的花卉图案,如图 3 - 36 所示。

图 3 – 31

图 3 – 32

图 3 – 33

图 3 – 34

图 3 – 35

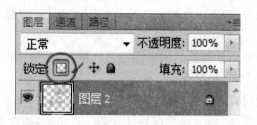

图 3 – 36

第4章　视图的缩放和网格线、参考线的使用

本章所学的内容采用 Photoshop CS5 作图时非常实用的辅助工具,通过这些工具的实用可以大大提高作图的效率,方便对图像的观察和修改。

4.1　视图的模式

在对 Photoshop CS5 中的图像进行编辑时,视图视窗的大小和显示模式对编辑的操作状态有很大的影响,这就好比选择什么样的距离来观察物体,选择多大的纸张来进行创作是一样的,对工具而言没有最好的只有更适合自己的。

当用 Photoshop CS5 打开一张图后,视图的显示模式是默认的,这称为居中不移动第一模式(见图 4-1),这种显示模式可以居中显示所操作图像文件,但不能移动视图框。

第二种模式为移动视窗)(见图 4-2),这种显示模式可以用选择工具单击视图标题框在作业区随意移动,因而在操作多个图像文件时会更为方便。

图 4-1　　　　　　　　　　　　　　　　　图 4-2

第三种模式为居中可移动(见图 4-3),这种显示模式在实际操作时是最为常用的,可以随意拖动视图到作业区的任何位置,方便对图像边角处的观察和操作。

第四种模式为全屏可移动(见图 4-4),这种显示模式同第三种模式且作业区满屏背景黑色,显示更简洁,可排除多余区域对图像色彩的干扰。

以上四种显示模式可以通过快捷键 F 来操作,重复按 F 键就可以对几种显示模式来回切换,以方便对图像的观察和操作。

图 4 - 3　　　　　　　　　　　　　　　　　　　　　　图 4 - 4

4.2　视图的缩放

除了视图的显示模式外,视图的大小缩放也是对图像进行观察和操作必不可少的工具。虽然在 Photoshop CS5 的工具栏中用放大镜工具可以对视图进行放大和缩小的操作(鼠标左击放大,鼠标右击缩小),但是极不便捷。对于任何图像显示模式都可以通过快捷键(Ctrl＋＋)放大和(Ctrl＋－)缩小来对选择的图像进行放大或缩小视图的操作。

4.2.1　抓手工具

除了视图的显示和视图的缩放模式外,对视图的移动也是对图像进行观察和操作的重要工具,即在 Photoshop CS5 中可以通过工具栏中抓手工具⼿快捷键(H)来对图像进行拖动。但在实际操作中可以使用临时抓手工具(空格键)来移动视图,好处就在于对上次使用的工具不冲突,需要使用抓手工具时单击空格键不松,移动到合适位置松开空格键即恢复上次使用的工具。如图 4 - 5 和图 4 - 6 所示,正在进行画笔工具,按空格键变为临时抓手工具,松开空格键即返回画笔工具,极大方便对图像编辑观察的操作。

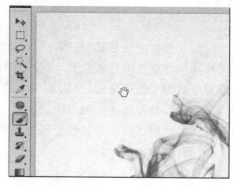

图 4 - 5　　　　　　　　　　　　　　　　　　　　　　图 4 - 6

4.2.2 旋转视图工具

旋转视图工具(快捷键 R)是 Photoshop CS4 及以上版本新增加的功能,尤其对使用 Photoshop 进行绘画创作的用户来说,这个新功能是非常实用的。快捷键 R 操作很简单,长时单击工具栏中的抓手工具后,在其下面就是 旋转视图工具,选择旋转视图工具在画面上拖动,画面就会旋转任意角度。单击工具属性栏上的复位视图,画面即可恢复正常,如图 4-7 所示。

图 4-7

4.3 辅助线的作用

辅助线的作用就相当于在绘图时使用尺子是一样的,便于对编辑图像进行对齐操作。首先在所打开编辑图像的 Photoshop CS5 中单击视图菜单打开标尺,如图 4-8 所示。

也可通过快捷键(Ctrl+R)来操作辅助线,而通过鼠标单击纵向或横向标尺空白处并拖动鼠标以生成所需要的辅助线,如图4-9 所示。

还可以通过移动工具 快捷键(V)来对辅助线进行移动,当把辅助线移动到横向或纵向标尺空白处时辅助线就会消失。通过辅助线可以极大方便对各种对齐任务的操作。在 Photoshop CS5 中辅助线还具有自动吸附功能(见图 4-10),所有编辑的图像移动靠近辅助线会自动吸附在辅助线边沿,这个功能在平面设计特别是书籍排版编辑中时非常实用,只有多进行操作和练习才能领悟到这个工具的便捷。

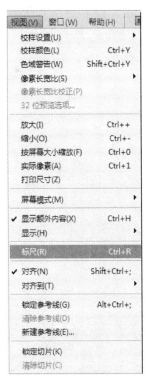

图 4-8

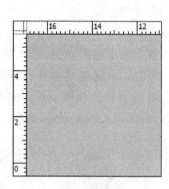

图 4 - 9   图 4 - 10

第5章　编辑的图像

5.1　编辑图像和裁切图像

5.1.1　图像的移动、复制和删除

1. 移动图像

使用移动工具 可以将选区或图层移动到图像中的新位置。在"信息"调板打开的情况下，还可以跟踪移动的确切距离。单击按下工具箱内的移动工具按钮，鼠标指针变成带剪刀的黑箭头状，然后用鼠标拖曳选区内的图像，即可移动选区内的图像，如图5-1所示。还可以将选区内的图像移到其他画布窗口内，如图5-2所示。

图 5-1

图 5-2

移动工具的选项栏如图5-3所示。

图 5 - 3

各选项作用如下：

"自动选择"复选框：选中"自动选择"后，使用移动工具单击图像可自动地选择单击处所在的图层或图层组。

"显示变换控件"复选框：选中该复选框，可在对图像执行变换时显示变换的控件。

对齐分布按钮：可对选中的对象进行对齐和分布。

2．复制图像

复制图像与移动图像的操作基本相同，只是在用鼠标拖曳选区内的图像时，同时按下 Alt 键，鼠标指针变为重叠的黑白双箭头，复制后的图像如图 5 - 4 所示。

3．删除图像

① 将要删除的图像用选中，按下 Delete 键或 Backspace 键，即可将选区内的图像删除。注：Photoshop CS5 版本中，背景图层不能使用这个方法。

② 也可以使用菜单命令删除图像：选择"编辑"→"清除"菜单命令或"编辑"→"剪切"菜单命令，可将选区内的图像删除。删除图像后，原选区将显示背景图层上的颜色，如图 5 - 5 所示。

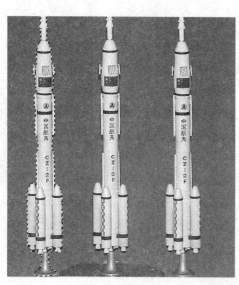

图 5 - 4

图 5 - 5

5.1.2　图像的裁剪

　　裁剪是移去部分图像以形成突出或加强构图效果的过程。可以使用裁剪工具和"裁剪"命令裁剪图像。

1. 使用裁剪工具的步骤

　　① 选择工具箱中的裁剪工具 🔲，此时鼠标指针变为 🔲，按下鼠标左键即在图像上拖曳出一个矩形裁剪框，框内有中心标记 ✛，周围有 8 个控制点。矩形内的区域是将保留的图像，如图 5－6 所示。双击矩形裁剪区域内部，直接按回车键，单击工具选项栏中的"√"或在裁剪区域中右击选"裁剪"命令都可以完成图像的裁剪。如果旋转后的矩形超过图像范围，用背景色填补画布，如图 5－7 所示。

图 5－6

图 5－7

　　② 使用裁剪工具用鼠标在图像上拖曳出一个矩形区域后，还可以对该矩形区域进行调整。

　　● 将鼠标指针放在内部，按下鼠标左键进行拖曳，可保持矩形区域大小不变移动区域。

　　● 将鼠标指针放置在矩形裁剪框的任意一个控制点上，鼠标指针变为直线的双向箭头状，按下鼠标左键进行拖曳，即可对裁剪框进行大小调整。

　　● 将鼠标指针移动到矩形裁剪框周围任意位置处，鼠标指针变成弧线的双向箭头，按下鼠标左键进行拖曳,即可对裁剪框进行旋转调整。

调整好裁剪框后,按下回车键即可完成图像的裁剪。

2. 裁剪工具的选项栏

单击按下"裁剪工具"按钮后,其选项栏如图 5-8 所示。用鼠标拖曳出一个矩形裁剪框后其选项栏如图 5-9 所示。

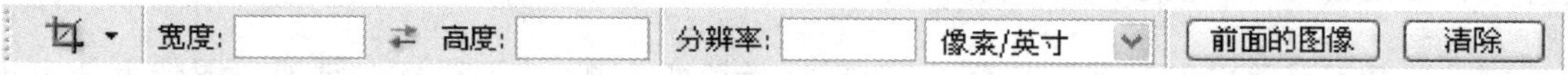

图 5-8

图 5-9

两个选项栏中各选项的作用如下:

● "宽度"和"高度"文本框:用来精确确定矩形裁剪框的宽度和高度。当这两个文本框内无数据时,拖曳鼠标可获得任意宽度和高度的矩形区域。

● "分辨率"文本框:用来设置裁剪后图像的分辨率,分辨率的单位可以通过其右边的下拉列表框来选择。

● "前面图像"按钮:单击该按钮,"宽度"、"高度"和"分辨率"都将按照当前图像的尺寸等数据给出。

● "清除"按钮:单击该按钮,"宽度"、"高度"和"分辨率"文本框内的数据将被清除。

● "屏蔽"复选框:单击该框后,会在矩形裁剪区域外的图像上形成一个遮蔽层。

● "颜色"块:用来设置遮蔽层的颜色。

● "不透明度":用来设置遮蔽层的不透明度。

● "透视"复选框:选中该框后,可以随意调整裁剪区域的 4 个顶点。

● ✔按钮:单击该按钮后,即可完成图像裁剪。

● ⊘按钮:单击该按钮后,取消裁剪区域,不进行裁剪。按 Esc 键也有相同的效果。

5.2　图像的变换

5.2.1　旋转画布

执行菜单栏中的"图像"→"图像旋转"命令,系统将弹出如图 5-10 所示的"旋转画布"子菜单。

- 选取"180°"命令,可以将当前画面进行 180°旋转。
- 选取"90°(顺时针)"命令,可以将当前画面按顺时针旋转 90°。
- 选取"90°(逆时针)"命令,可以将当前画面按逆时针旋转 90°。
- 选取"任意角度"命令,系统将弹出"旋转画布"角度参数设置面板,如图 5 - 11 所示。
  在此面板中可以设置画布要旋转的角度及旋转的取向。

图 5 - 10　　　　　　　　　　　　　　图 5 - 11

- 选取"水平翻转画布"命令,可以将当前画面水平进行翻转。选取"垂直翻转画布"命
  令,可以将当前画面垂直进行翻转。图 5 - 12(a)为原图,图(b)为对图(a)进行水平翻
  转后的效果。

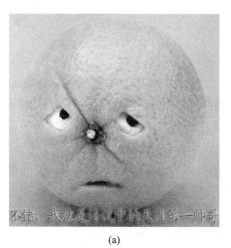

(a)　　　　　　　　　　　　　　　　(b)

图 5 - 12

5.2.2　变换图像

图像的变换可以用"编辑"→"变换"命令,也可以用"编辑"→"自由变换"菜单命令。

1."编辑"→"变换"命令

打开一幅 JPG 图像,创建选区,如图 5-13 所示。单击"编辑"→"变换"命令,将弹出如图 5-14所示子菜单。可以根据不同的需要选择不同的选项,对图像进行变换调整。各子命令的作用和用法如下。

技能点拨:打开的 JPG 图像默认时在图层调板中将显示为"背景"图层,此时不能直接调用"编辑"→"变换"命令,需创建选区或将背景图层转换为普通图层。

再次(A)	Shift+Ctrl+T
缩放(S)	
旋转(R)	
斜切(K)	
扭曲(D)	
透视(P)	
变形(W)	
旋转 180 度(1)	
旋转 90 度(顺时针)(9)	
旋转 90 度(逆时针)(0)	
水平翻转(H)	
垂直翻转(V)	

图 5-13   图 5-14

(1)"缩放"命令

选取菜单栏中的"编辑"→"变换"→"缩放"菜单命令,在选中的图像四周会显示一个矩形框,8 个控制点和中心标记✧。将鼠标指针放置在矩形框的任意控制点上,鼠标指针变为直线的双向箭头状,按下鼠标左键进行拖曳,即可对图像进行大小调整。调整完成后按下回车键即可完成图像的变换。对图 5-13缩放后的效果如图 5-15 所示。

按住键盘中的 Shift 键,将鼠标光标放置到变形框的任意一角控制点上,按下鼠标左键进行拖曳,可以按照图像的宽度和高度等比例进行缩放调整。

按住键盘中的 Shift+Alt 键,将鼠标光标放置到变形框的任意一角控制点上,按下鼠标左键进行拖曳,可以将图像从中心按照宽度和高度等比例进行缩放调整。

(2)"旋转"命令

选取菜单栏中的"编辑"→"变换"→"旋转"菜单命令,为当前选择区添加旋转变形框,将鼠标指针移动到矩形框周围任意位置处,鼠标指针变成弧线的双向箭头,按下鼠标左键进行拖曳,即可对选区内的图像进行旋转调整。图 5-16 是旋转选区内图像后的效果。

● 将鼠标指针移到矩形选框中间的中心点标记✧处,拖曳鼠标,可将中心标记移动,改变旋转的中心位置。

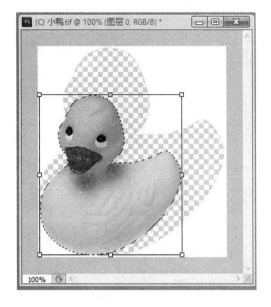

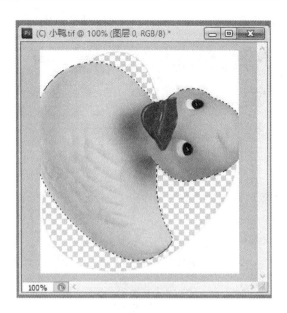

图 5 - 15　　　　　　　　　　　　　　　图 5 - 16

● 按住键盘中的 Shift 键,可以将图像以每次旋转 15°的角度进行旋转。

(3)"斜切"命令

选取菜单栏中的"编辑"→"变换"→"斜切"菜单命令,为当前选择区添加斜切变形框,将鼠标指针放置在矩形框四边的控制点上,鼠标指针变为直线的双向箭头状,按下鼠标左键进行拖曳,即可使选区内的图像呈斜切效果,如图 5 - 17 所示。

(4)"扭曲"命令

选取菜单栏中的"编辑"→"变换"→"扭曲"菜单命令,为当前选区添加扭曲变形框,将鼠标光标放置在变形框四角的任意控制点上,鼠标指针会变成灰色单箭头状,按下鼠标左键进行拖曳,即可对选区内的图像进行任意扭曲变形,如图 5 - 18 所示。

按住键盘中的 Shift 键,将鼠标光标放置在任意的控制点上,按下鼠标左键进行拖曳,可以将图像进行斜切。

(5)"透视"命令

选取菜单栏中的"编辑"→"变换"→"透视"菜单命令,为选区添加透视变形框,将鼠标光标放置在变形框中的任意控制点上,鼠标指针变成灰色单箭头状,按下鼠标左键进行拖曳,即可对选区内图像进行水平或垂直方向上的对称变形,从而产生图像的透视效果,如图 5 - 19 示。

(6)"变形"命令

选取菜单栏中的"编辑"→"变换"→"变形"命令,将出现如图 5 - 20 所示的变换框。在选项栏(见图 5 - 21)中可设置系统所设定的变形,如图 5 - 22 所示,也可以对变换框中的各个节点任意拖动变形,图 5 - 23 为拖动节点的效果。

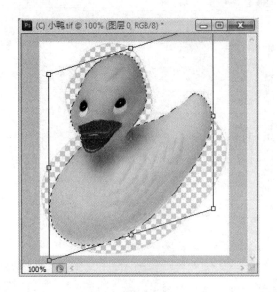
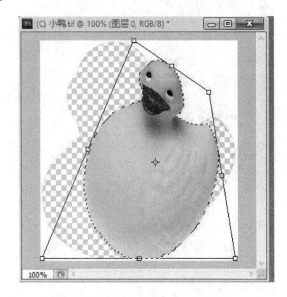

图 5 - 17　　　　　　　　　　　　　　　　　 图 5 - 18

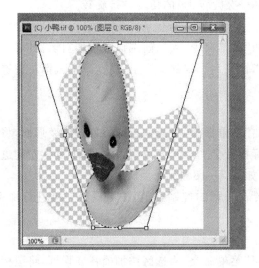
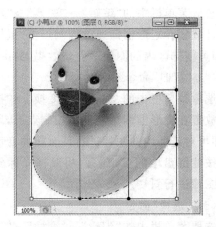

图 5 - 19　　　　　　　　　　　　　　　　　 图 5 - 20

图 5 - 21

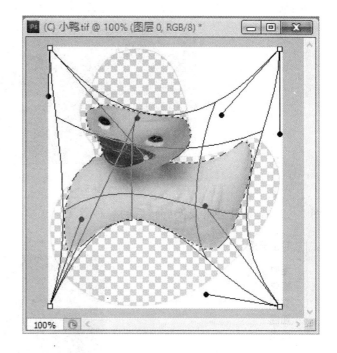

　　图 5 - 22　　　　　　　　　　　　　　　　　　图 5 - 23

（7）"旋转 180°"、"旋转 90°（顺时针）"和"旋转 90°（逆时针）"菜单命令

使用"编辑"→"变换"→"旋转 180°"、"编辑"→"变换"→"旋转 90°（顺时针）"和"编辑"→"变换"→"旋转 90°（逆时针）"命令对图像所产生的效果，都可以直接使用"编辑"→"变换"→"旋转"命令来完成，但是使用这 3 种命令在速度方面要比旋转命令快得多。

（8）"水平翻转"和"垂直翻转"菜单命令

使用"编辑"→"变换"→"水平翻转"命令可以使选区内图像水平翻转，使用"编辑"→"变换"→"垂直翻转"命令可以使选区内图像垂直翻转。

（9）"再次"命令

在变形菜单中还有一个"再次"命令，当利用变形框对图像进行变形后，此命令才可以使用。执行此命令相当于再次执行刚才的变形操作。

2. "自由变换"命令

"自由变换"命令是图像处理过程中常用到的命令。选取菜单栏中的"编辑"→"自由变换"菜单命令，快捷键为 Ctrl＋T。在选区四周或整个图层四周显示一个矩形框、8 个控制点和中心标记✢，如图 5 - 24 所示。此时再次用鼠标右击将弹出如图 5 - 25 所示快捷菜单，左击各命令即可做相应的变换。这与"编辑"→"变换"命令中的子命令是相同的,在此不再累述。

注意:同"编辑"→"变换"一样,"自由变换"命令也无法使用在背景图层上。

图 5 - 24

图 5 - 26 是经过自由变换旋转后的一种效果。

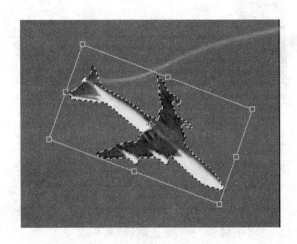

图 5 - 25   图 5 - 26

第6章　填充图像

6.1　设置颜色

6.1.1　"切换前景色和背景色"工具

工具箱中的"切换前景色和背景色"工具如图6-1所示。各按钮作用如下。

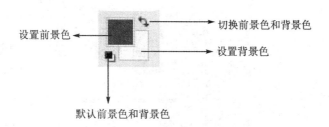

图 6-1

①"设置前景色"按钮：它给出了所设的前景色颜色,用单色绘制和填充图像时的颜色是由前景色决定的。单击"前景色"按钮可调出"拾色器"对话框,利用该对话框可设置前景色。另外,也可以使用"颜色"调板或"色板"调板等来设置前景色。

②"设置背景色"按钮：它给出了所设的背景色颜色,背景色决定了画布的背景颜色。单击"背景色"按钮可调出"拾色器"对话框。

③"默认前景色和背景色"按钮：单击它可使前景色和背景色还原为默认状态,即前景色为黑色,背景色为白色。

④"切换前景色和背景色"按钮：单击它可以将前景色和背景色的颜色互换。

6.1.2　"拾色器"对话框

单击"前景色"或"背景色"按钮,可调出"拾色器"对话框。"拾色器"分为 Adobe 和 Windows"拾色器"两种。默认是 Adobe"拾色器",其对话框如图6-2所示。

使用 Adobe"拾色器"对话框中各选项作用与用法如下：

① 粗选颜色：将鼠标指针移到"颜色选择条"内,单击一种颜色,这时"颜色选择区域"的颜

色也会随之发生变化。在"颜色选择区域"内会出现一个小圆,它是目前选中的颜色。

　　② 细选颜色:在"颜色选择区域"内,用鼠标单击(此时鼠标指针变为小圆状)要选择的颜色。

　　③ 选择接近的打印色:如果图像需要打印,则再单击"最接近的可打印色"按钮。

　　④ 选择接近的网页色:如果图像要作为网页输出,则再单击"最接近的网页可使用的颜色"按钮。

　　⑤ 选择自定颜色:单击"颜色库"按钮,调出"颜色库"对话框,利用该对话框可以选择"颜色库"中自定义的颜色。

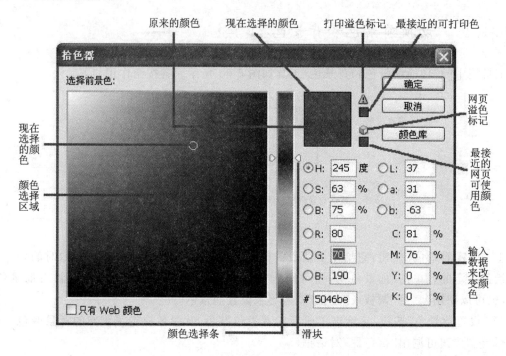

图 6-2

　　⑥ 精确设定颜色:可在 Adobe"拾色器"对话框右下角的各文本框内输入相应的数值来精确设定颜色。在"♯"文本框内应输入 RRGGBB 六位十六进制数。

6.1.3　使用"颜色"调板设置前景色和背景色

　　单击"窗口"菜单,选择"颜色",会在 Photoshop 界面右侧看到"颜色"调板,如图 6-3 所示。利用"颜色"调板设置前景色和背景色的方法如下。

　　① 选择设置前景色或设置背景色:单击选中"前景色"或"背景色"色块,确定是设置前景色还是设置背景色。

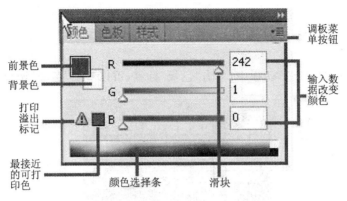

图 6-3

② 粗选颜色:将鼠标指针移到"颜色选择条"中,此时鼠标指针变为吸管状。单击一种颜色,可以看到其他部分的颜色和数据也随之发生变化。

③ 细选颜色:拖曳 R、G、B 的三个滑块,分别调整 R、G、B 颜色。

④ 精确设定颜色:在 R、G、B 的三个文本框内输入相应的数据(0~255)来精确设定颜色。

⑤ 双击"前景色"或"背景色"色块,调出"拾色器"对话框,按照上述方法进行颜色的设置。

⑥ 选择接近的打印色:如果图像需要打印,且出现"打印溢出标记"按钮,则需再单击"最接近的可打印色"按钮。

⑦ "颜色"调板菜单的使用:单击"颜色"调板右上角的菜单按钮，将调出"颜色"调板的菜单,如图 6-4 所示。再选择菜单命令,即可执行相应的操作。例如,单击"CMYK"菜单命令,可使"颜色"调板变为 CMYK 模式下的"颜色"调板,如图 6-5 所示。

图 6-4

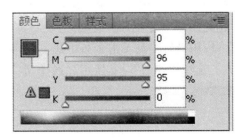

图 6-5

6.1.4　使用"色板"调板设置前景色

在图 6-6 所示的"颜色"调板中,单击"色板"标签,可以看到"色板"调板。

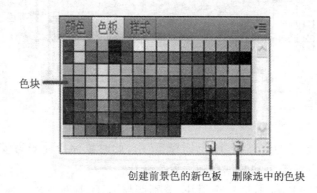

色块

创建前景色的新色板　　删除选中的色块

图 6-6

① 设置前景色:将鼠标指针移到"色板"调板内的色块上,此时鼠标指针变为吸管状,稍停片刻,即会显示出该色块的颜色名称。单击色块,即可将前景色设置为该色块的颜色。

② 创建新色块:如果"色板"调板内没有与当前前景色颜色一样的色块,可单击"创建前景色的新色板"按钮,可在调板内色块的最后创建一个与前景色颜色一样的色块。

③ 删除原有色块:单击选中一个要删除的色块,不要松开鼠标左键,将它拖曳到"删除色块"按钮上,即可删除该色块。

④ "色板"调板菜单的使用:单击"色板"调板右上角的"调板菜单"按钮,调出"色板"调板的菜单,如图 6-7 所示(图 6-7 为该菜单的部分)。再选择菜单命令,即可执行相应的操作,即更换色板、改变色板的显示方式、存储色板等。

6.1.5　使用"吸管工具"设置前景色和背景色

单击按下工具箱内的"吸管工具"按钮,再将鼠标指针移到画布窗口内部,单击画布中任一处,即可将单击处的颜色设置为前景色。

按住 Alt 键,用吸管工具单击画布中任一处,可将单击处的颜色设置为背景色。

吸管工具的选项栏如图 6-8 所示。选择"取样大小"下拉列表框内的选项,可以改变吸管工具取样点的大小。

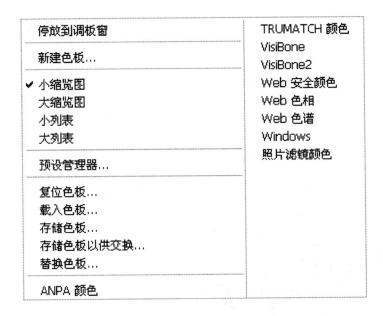

图 6-7

图 6-8

6.1.6 获取多个点的颜色信息

如果想了解一幅图像中任意一点或几个点的颜色信息,可以使用"颜色取样器工具"。

选择工具箱内的"吸管工具"组的"颜色取样器工具",将鼠标指针移到画布窗口内部,单击画布中要获取颜色信息的各点,即可在这些点处产生带数值序号的标记,如图 6-9 所示。同时,"信息"调板给出各取样点的颜色信息,如图 6-10 所示。

使用"颜色取样器"在同一幅图像中最多只能同时获取 4 个点的颜色信息。可以用鼠标拖动来改变取样点的位置。若要删除取样点的颜色信息标记,可将鼠标指针移到该标记上,单击鼠标右键,调出其快捷菜单,选择"删除"命令即可。也可以用鼠标将其直接拖出画布外。

"颜色取样器"工具的选项栏如图 6-11 所示。在"取样大小"下拉列表框内选择取样点的大小。单击该选项栏内的"清除"按钮,可将所有取样点的颜色信息标记删除。

图 6－9   图 6－10

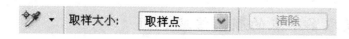

图 6－11

6.2　油漆桶工具

6.2.1　使用油漆桶工具填充单色或图案

使用油漆桶工具可以给图像或选区内颜色容差在设置范围内的区域填充颜色或图案。

1. 使用油漆桶工具填充颜色

在工具箱中单击油漆桶工具，此时默认的选项栏如图 6－12 所示。

在填充下拉列表框选择"前景"后,单击图像或选区内要填充颜色或图案处,即可给单击处及与该处颜色容差在设置范围内的区域填充当前的前景色。

2. 使用油漆桶工具填充图案

选择"图案",此时的"图案"下拉列表框变为有效,单击该下拉列表框的黑色按钮,可调出一个"图案样式"面板,利用该面板可以选择填充的图案,也可以载入、删除、新建图案等。选择一种图案,单击图像或选区内要填充颜色或图案处,即可给单击处及与该处颜色容差在设置范围内的区域填图案。

3. 其余部分选项的作用

① "模式"下拉列表框:用以选择填充的颜色或图案与原图中被填充所覆盖的区域的混合方式。不同的模式有不同的特殊效果。

② "容差"文本框:它与"魔棒"工具选项栏中的"容差"文本框的作用基本一样。其数值决定了填充色的范围,其值越大,填充的范围也越大。

③ "连续的"复选框:若选中该复选框,则只给与单击处相邻且颜色在容差范围内的区域填充颜色或图案。否则,在颜色容差范围内的所有像素都将被填充上颜色或图案。

④ "所有图层"复选框:选中"用于所有图层",填充操作对所有可见图层有效,即给所有图层中在颜色容差范围内的区域填充颜色或图案。否则,操作只对当前图层有效。

若图像中创建了选区,则所有操作只在选区内有效。图 6 - 13 为创建了一矩形选区的原图,按照图进行设置,填充图案后的效果如图 6 - 14 所示。

6.2.2　定义图案

1. 定义整幅图像为图案

① 打开一幅较小的图像,如果图像较大,可单击"图像"→"图像大小"菜单命令,调出"图像大小"对话框,设置图像大小。

② 单击"编辑"→"定义图案"菜单命令,调出"图案名称"对话框,如图 6 - 15 所示。在该对话框中输入图案名称,单击"确定"即可将图像定义为新图案。

图 6 - 13

图 6 - 14

2. 定义图像的一部分为图案

① 打开一幅图像,选择"矩形选框"工具,将要定义为图案的部分创建成一个矩形选区。

② 单击"编辑"→"定义图案"菜单命令,调出"图案名称"对话框,在该对话框中输入图案名称,单击"确定"按钮即可将图像的一部分定义为新图案。

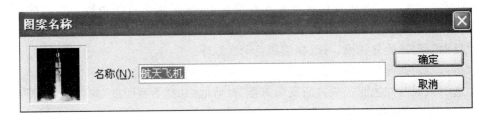

图 6 - 15

6.3　渐变工具

6.3.1　使用渐变工具填充渐变色

　　使用渐变工具可以给整个图像或选区填充渐变颜色。在工具箱中选择渐变工具 ，新建画布，在所有参数为默认时，在画布中从左上角往右下角拖曳，即可为画布填充渐变色，如图 6 - 16 所示。

6.3.2　渐变工具各选项作用

图 6 - 16

　　渐变工具的选项栏如图 6 - 17 所示。各选项作用如下。

图 6 - 17

　　① "渐变方式"按钮组 ：渐变方式共有 5 种，不同的渐变方式可以表现出不同的渐变效果。

　　"线性渐变" ：可以产生起点到终点的直线形渐变。

　　"径向渐变" ：可以产生以鼠标光标起点为圆心、鼠标拖曳的距离为半径的圆形渐变效果。

　　"角度渐变" ：可以产生以鼠标光标起点为中心、呈自光标拖曳的方向起旋转一周的锥形渐变效果。

　　"对称渐变" ：可以产生以拖动点为中心、呈两边对称的渐变效果。

　　"菱形渐变" 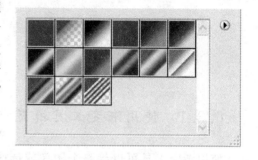:可以产生以鼠标光标起点为中心,呈鼠标拖曳的距离为半径的菱形渐变效果。

　　②"反向":勾选此复选框,可以颠倒颜色渐变顺序。

　　③"仿色":勾选此复选框,可以使渐变颜色间的过渡更加柔和。

　　④"透明区域":勾选此选项,"渐变编辑器"对话框中的"不透明度"才会生效,若不勾选此选项,图片中的透明区域显示为前景色。

　　⑤"渐变样式"列表框 :单击该列表框的黑色箭头按钮,可调出如图6-18所示"渐变"拾色器。在"渐变"拾色器对话框中显示的是渐变效果的缩略图,在其中单击所需的渐变选项即可将渐变选中。在选择不同的前景色和背景色后,"渐变"拾色器对话框中显示的渐变颜色种类会稍不一样。

　　用鼠标单击渐变颜色部分可打开如图6-19所示的"渐变编辑器"对话框。使用此对话框可以编辑渐变颜色,设计新的渐变样式。各选项作用如下:

图 6-18

　　①"预设":"预设"显示的是渐变效果缩略图,用鼠标单击即可将渐变选项选中,同时下方也将显示出该渐变的参数设置。如果"预设"栏中的几种渐变类型不能满足需求,还可以单击右上方的按钮 ,从弹出的对话框中加载渐变选项。

　　在"预设"区内的任一渐变缩略图上单击鼠标右键,将弹出如图6-20所示快捷菜单,利用这个快捷菜单可以快速方便地执行一些操作,其各选项的含义如下:"新建渐变":单击该选项可以将当前渐变色保存到这个渐变色组中;"重命名渐变":单击该选项可以为当前的渐变类型重新命名;"删除渐变":单击该选项可以快速地将当前的渐变类型删除。

　　②"名称":此项可以显示当前所选渐变类型的名称。

　　③"渐变类型":此选项中包括"实底"和"杂色"两个子选项。选择不同的选项,参数设置和表现效果也不一样,下面分别对这两个选项进行介绍:

　　选择"实底"选项,可以对均匀渐变的过渡色进行设置,其"渐变控制条"及参数如图6-21所示。

　　●"平滑度":用来调节渐变的光滑程度。

　　●"渐变控制条":该条上方的色标控制渐变的不透明度,白色代表完全透明,黑色代表完全不透明。单击某一个色标,则该色标为选中色标。色标被选中后,便可以编辑该色标。在两个色标之间单击可以添加一个色标,同时"不透明度"带滑块的文本框、"位置"文本框、"删除"按钮变为有效。"不透明度"选项可设置该色标的不透明度;"位置"选项:改变色标的位置,这与用鼠标拖曳的作用一样;单击选中色标,再单击"删除"按钮,即可删除选中的色标。

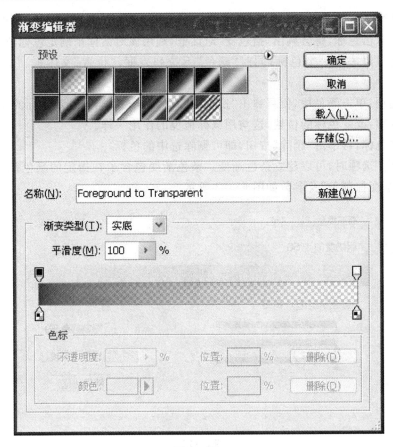

图 6 – 19

图 6 – 20

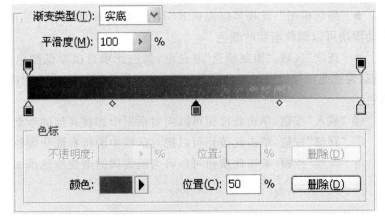

图 6 – 21

●"渐变控制条"：该条下方的色标可以编辑渐变颜色。单击某一个色标，则该色标为选中色标。如果双击色标，将会调出"拾色器"对话框，利用该对话框来确定色标的颜色。在两个色标之间单击可以添加一个色标，同时"颜色"下拉列表框、"位置"文本框、"删除"按钮变为有效。

"颜色"选项：单击颜色块，便可弹出"拾色器"对话框，改变当前选定色标的颜色。

"位置"选项：改变色标的位置，这与用鼠标拖曳的作用一样。

单击选中色标，再单击"删除"按钮，即可删除选中的色标。

选择"杂色"选项时，可以建立杂色渐变。杂色渐变包含了在指定的颜色范围内随机分布的颜色。其"渐变控制条"及参数如图 6-22 所示。

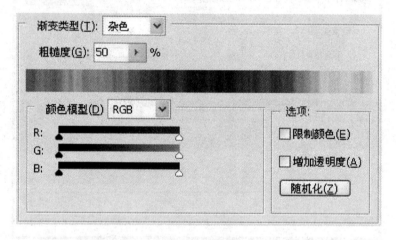

图 6-22

●"粗糙度"：可以控制颜色的粗糙程度，数值越大，粗糙程度越明显。

●"颜色模型"：此项可以提供 RGB、HSB 和 LAB 3 种不同的颜色模型以帮助色彩设定。拖动滑块可以调整渐变的颜色。

●"选项"区域："限制颜色"复选框：勾选此项可以降低颜色的饱和度。"增加透明度"复选框：勾选此项可以增加颜色的透明度。"随机化"按钮：单击此按钮，系统将随机设置渐变的颜色。

④"载入"按钮：单击此按钮可以向对话框中加载其他的渐变颜色。

⑤"存储"按钮：单击此按钮可以把对话框中的所有渐变颜色保存起来。

⑥"新建"按钮：单击此按钮可以将当前编辑的渐变颜色添加到预置窗口的最后面。

6.4　综合实例——几何体的制作

1. 制作球体

球体的受光如图 6 - 23(a)所示。

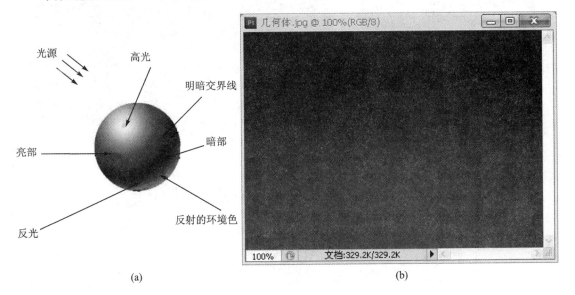

图 6 - 23

①　新建一个画布，单击"渐变"工具，调出"渐变编辑器"，设置渐变色(颜色根据个人喜好)，该渐变色为画布添加背景渐变，如图 6 - 23(b)所示。

②　单击"图层"调板中的"创建新图层"按钮，创建一个新的普通图层，如图 6 - 24 所示。

③　选择"椭圆选框"工具，按住 Shift 键，在画布中拖曳出一个正圆形选区，如图 6 - 25 所示。

④　选择渐变工具，调出"渐变编辑器"，按照立体规律来设置渐变色，如图 6 - 26 所示。

⑤　在渐变工具选项栏中选择渐变方式为径向渐变，然后在图层 1 的选区中，用鼠标由圆的高光部位斜向下方拖曳出渐变，效果如图 6 - 27 所示。反复调整渐变颜色及拖曳的起点和终点，重复多做几遍，达到较好效果。

2. 制作圆柱体

圆柱的立体关系如图 6 - 28 所示。

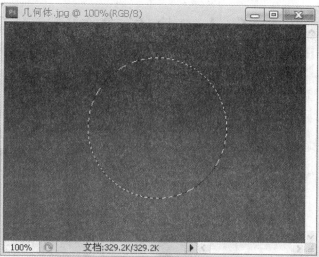

图 6 - 24   图 6 - 25

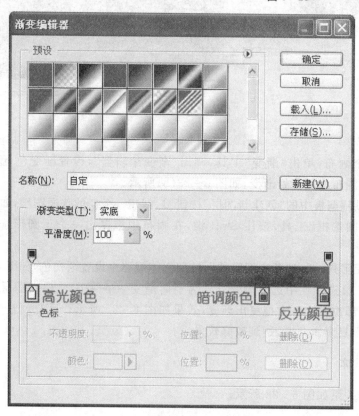

图 6 - 26

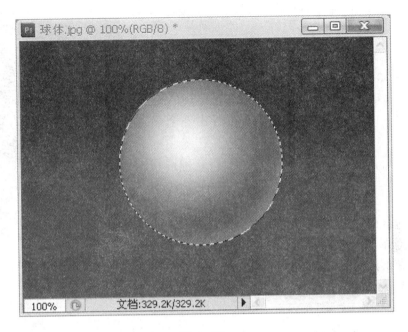

图 6－27

① 可以在制作球体的画布上继续操作。在图层调板上将刚刚制作的球体层隐藏,新建一个圆柱图层,此时的图层面板如图 6－29 所示。

图 6－28

图 6－29

技能点拨:创建新图层时也可以直接使用快捷键:Ctrl＋Shift＋N。

② 回到工具箱,选择矩形选框工具,在新层上创建一个长方形选区,如图 6－30 所示。

③ 选择渐变工具，调出"渐变编辑器"，设置渐变色如图 6-31 所示。

④ 以选区的左边框为起点，右边框为终点，从左至右拖曳鼠标，效果如图 6-32 所示。可反复调整渐变色，多拖曳几次以达到较好效果，然后取消选区。

⑤ 如图 6-33 所示，在圆柱的上部创建一个椭圆选区。

⑥ 选中渐变工具，保持刚才的设置不变，在椭圆选区中进行反向渐变，将形成一个空心的效果，如图 6-34 所示。

⑦ 保持选区的选定状态，按向下方向键将选区向下移动到适当位置，如图 6-35 所示。

⑧ 选择矩形选框工具，按住 Shift 键，按照如图 6-36 所示进行加选。

图 6-30

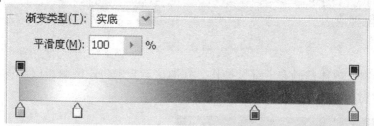

图 6-31

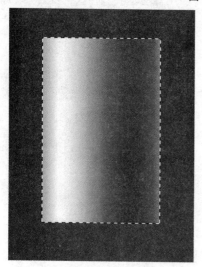

图 6-32

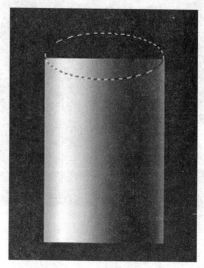

图 6-33

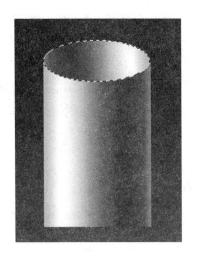
图 6 - 34

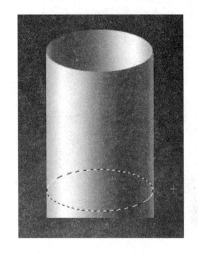
图 6 - 35

⑨ 执行反选操作,然后按 Delete 键,删除不需要的部分,完成空心圆柱体的制作,效果如图 6 - 37 所示。

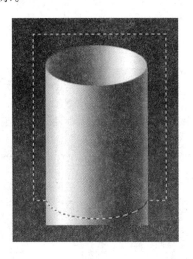
图 6 - 36

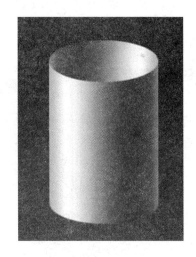
图 6 - 37

⑩ 若想制作实心的圆柱体,则在第⑤步创建椭圆选区后,不填充渐变,而选择一种灰色,将椭圆选区进行颜色填充,效果如图 6 - 38 所示。其余步骤按上述即可。

3. 制作圆锥体

① 隐藏圆柱图层,新建一个名称为圆锥的图层,此时的图层面板如图 6 - 39 所示。

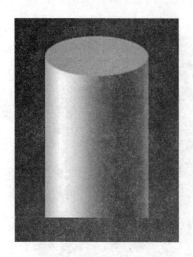
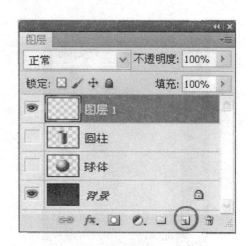

图 6－38　　　　　　　　　　　　　　图 6－39

② 按照制作圆柱体的方法,得到如图 6－32 所示的效果。

③ 执行"编辑"→"变换"→"透视"菜单命令后,其效果如图 6－40 所示。

④ 单击右上方小方块,将其平移到中心,使左右两个方块在中心重叠,出现如图 6－41 所示图像。

⑤ 在圆锥形的下方创建一个椭圆选区,出现如图 6－42 所示图像。

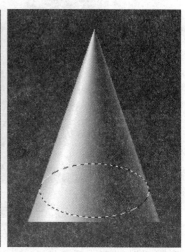

图 6－40　　　　　　　　　　图 6－41　　　　　　　　　　图 6－42

⑥ 选择矩形选框工具,按 Shift 键进行加选出现,如图 6－43 所示图形。

⑦ 执行菜单命令"选择"→"反向",然后按 Delete 键删除多余的部分,取消选区后得到如

图 6 - 44 所示效果图。

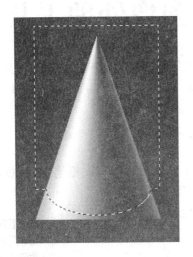

图 6 - 43

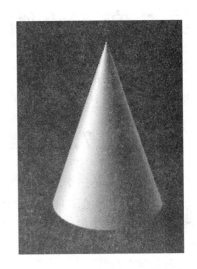

图 6 - 44

第7章 绘图及图像处理工具

本章学习绘图及常用的图像处理工具,它不同于菜单栏的操作,这些常用工具都可以在工具栏中相应找到。例如画笔、橡皮、仿制图章、修复、模糊、减淡等工具。下面就逐一介绍。

7.1 画笔工具组

画笔工作组(快捷键 B)是一个综合画笔应用工具,由画笔工具、铅笔工具、颜色替换工具和 Mixer Brush Tool(混合画笔工具)四种组成,如图 7-1 所示。

画笔工具类似人们生活中的画笔,它可以用画出人们需要的图形,但是其功能比现实中的更丰富,比如可以选择不同大小、笔尖、质感、色彩等参数。

画笔参数面板 Brush(菜单栏—窗口—Brush)(快捷键 F5)中的画笔工具组包括以下工具:

图 7-1

1. 画笔工具

图标的造型类似于毛笔,即画笔工具能绘制出边缘柔和的笔触。选择该工具时单击右键,能对画笔的大小、硬度、笔尖等进行调整。当然也可以通过工具属栏的参数来调节,如图 7-2 所示。

图 7-2

注意:在画笔工具属性栏中,用鼠标左键单击红色边框标注的下拉菜单箭头(见图 7-2)即可显示出用于调整画笔大小、软硬度及各种不同笔触画笔的选择面板,如图 7-3 所示。

但要注意的是,该面板显示的画笔模式是小略缩图,如果要查看画笔的笔迹形态,则单击该面板右上角的子菜单图标(见图 7-3),以选择描边略缩图画笔显示方式以利观察(见图 7-5)。如果想新建画笔、载入画笔、复位画笔等操作也是通过单击右上角的子菜单图标来完成的,如图 7-4 所示。

另外,关于画笔笔尖形状、间距等更多参数的调节,可以通过 Brush(画笔参数调板)面板进行更丰富的画笔设置(见图 7-6)。该参数面板的快捷键为 F5。

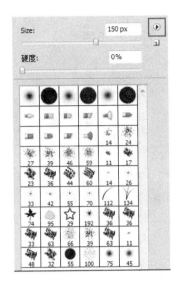

图 7-3

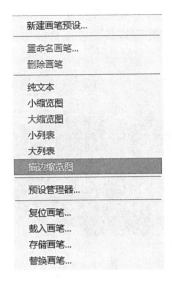

图 7-4

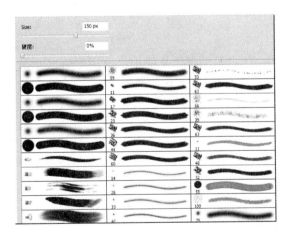

图 7-5

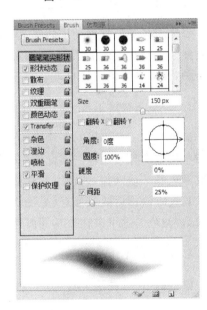

图 7-6

　　画笔所使用的颜色是当前所选的前景色的颜色。Photoshop 中画笔的笔尖形态非常丰富,可以任意进行选择并设置,也可以添加画笔和自定义画笔等操作。画笔设置好后,配合数位板(见图 7-7)使用可以像平时画画一样,在电脑中任意地绘画了。目前在动漫创作、游戏制作、建筑表现等领域已广泛使用。数位板和鼠标键盘一样都属于数字输入设备,但最大的不同在于它可以感知笔触的轻重也就是压感,这是鼠标不能实现的。所以,数位板配合 Photoshop 画笔的使用可以最大程度地模仿传统手绘的效果,如图 7-8 所示。

图 7-7

图 7-8

4. ✏ 铅笔工具

铅笔工具类似日常使用的铅笔笔触效果,在 Photoshop 中选择不同的前景色相应画出的铅笔线条也是相应的前景色,如图 7-9 所示。值得注意的是,铅笔工具只是诸多画笔工具中的一种,同画笔工具一样也可以在工具属性栏中选择其他画笔。

3. ✎ 颜色替换工具

颜色替换工具可以对图像进行颜色的替换,它的工作原理是使用当前选择的前景色替换图像中指定的像素颜色。因此首先需要选择好前景色,选择好前景色后,然后再在图像中需要更改颜色的区域涂抹,就可以实现将其替换为前景色效果。例如选择前景色为橙色,用颜色替换工具进行涂抹后效果处理(见图 7-10)。不同的绘画模式会产生不同的替换效果,常用的模式为"颜色",这可以在工具的属性栏中进行设置。

4. ✎ Mixer Brush Tool

该工具(混合画笔工具)是在 Photoshop CS5 及以上版本中新增加的内容,其效果是最大程度地模仿现实中的多种绘画画笔效果,和 Painter 中的画笔类似,配合数位板使用进行绘制会更加得心应手,图 7-11 是使用混合画笔工具配合数位板使用绘制出的笔刷效果。

Mixer Brush Tool(混合画笔工具)还可以对原图进行艺术画笔效果调整。方法是直接打开原图,在底图上选择合适的混合画笔进行涂抹就可以调整出相应的艺术笔触效果,如图 7-12 所示。

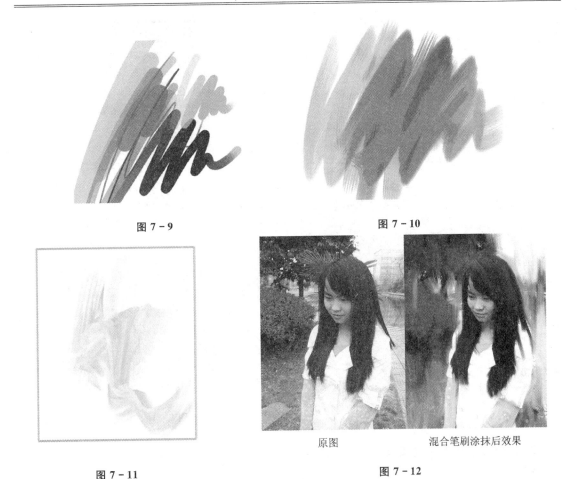

图 7 - 9　　　　　　　　　　　　　图 7 - 10

原图　　　　　　　混合笔刷涂抹后效果

图 7 - 11　　　　　　　　　　　　　图 7 - 12

7.2　历史记录画笔工具组

历史纪录画笔工具组包含历史记录画笔和历史纪录艺术画笔。这都是属于恢复操作步骤的工具,都需配合"历史记录面板"来使用。但和历史记录面板相比操作不同的是,历史画笔工具的使用方法更方便、更自由,而且可以使用画笔笔尖的造型来还原操作,如图 7 - 13 所示。

1. 历史记录画笔工具

该工具可以将图像前面的某一个状态或者是快照恢复到当前的文件中。首先需要在历史记录面板中指定某个状态(见图 7 - 14),注意图 2 中红色框标注图标为当前指定状态。然后使用历史记录画笔工具在画面中拖动,就可以恢复到指定的那个状态,如图 7 - 15 所示。

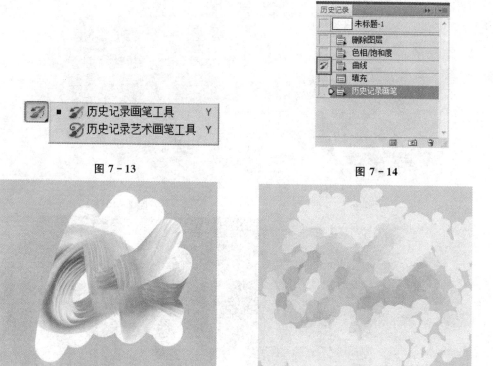

图 7 - 13　　　　　　　　　　　　　　　图 7 - 14

图 7 - 15　　　　　　　　　　　　　　　图 7 - 16

2. 历史记录艺术画笔工具

该工具使用方法与历史记录画笔相同,但是画笔的功能更多,具备艺术恢复的能力(见图 7 - 16)。更多艺术画笔效果可以在工具属性栏中进行设置。

技能点拨:历史纪录面板可以单击(菜单栏—窗口—历史面板)产生。

7.3　橡皮擦工具组

橡皮擦工具组(快捷键 E)就像人们平时使用的橡皮一样用于擦除画面中不需要的部分,针对 Photoshop 的属性,Photoshop 中的橡皮擦工具组由橡皮擦工具、背景橡皮擦工具和魔术橡皮擦工具三种组成,如图 7 - 17 所示。

1. 橡皮擦工具

橡皮擦工具是用来擦除画面中的像素的,擦除后的区域将变成透明区域。如果在锁定的背景图层上使用橡皮擦工具,擦除后的区域将被背景色所填充,图 7 - 18 中的当前背景色为白色。该工具使用方法非常简单,只需按住鼠标左键拖动鼠标就可以了。通过工具属性栏或右击,可以对橡皮擦的笔尖形态进行设置。

图 7 - 17　　　　　　　　　　　　　　　图 7 - 18

2. 背景橡皮擦工具

与橡皮擦的基本相同,但可以在锁定的背景图层上直接使用,擦除后的区域将会是透明的区域,如图 7 - 19 所示。

3. 魔术橡皮擦工具

是魔棒工具和橡皮擦工具的结合体。它能一次性擦除画面中连续的颜色相近的区域。图 7 - 20 中,因为有魔棒工具的功能,所以可以在工具的属性栏中设置合适的“容差值”。

图 7 - 19　　　　　　　　　　　　　　　图 7 - 20

7.4 图章工具组

图章工具组(快捷键 S)是用来对画面进行修复的。图章工具组包含仿制图章工具和图案图章工具,如图 7-21 所示。

1. 仿制图章工具

仿制图章工具的功能与修复画笔工具的功能类似。修复画笔工具的整合性好,仿制图章工具则是可以将图像中某个区域的像素原样搬到另外一个区域,使两个地方的内容相同。使

图 7-21

用方法是按住 Alt 键在图像某一处单击鼠标左键选区仿制源,然后在要进行复制的地方拖动进行绘制即可。图 7-22(a)为原图,图(b)为仿制图章修补后效果图。

(a)   (b)

图 7-22

2. 图案图章工具

图案图章工具可以选择图案样式,对画面或选区内进行图案填充。选择图案图章工具,可在工具的属性栏进行相关画笔笔尖、混合模式、不透明度、流量、图案样式等设置,设置好后就可对画面进行图案填充了。图 7-23(a)为原图,图(b)为图案图章修补后的效果图。

(a)　　　　　　　　　(b)

图 7－23

7.5　修复画笔工具组

修复画笔工具组(快捷键 J)同仿制图章工具组一样也是用来修复画面的。它可以在不改变原有图像的颜色、形态等因素下,清除掉图像上的一些不需要的部分。该工具组由污点修复画笔工具、修复画笔工具、修补工具和红眼工具组成,如图 7－24 所示。

1. 污点修复画笔工具

图 7－24

该工具能够非常迅速地移动图像中的污点和其他不需要的部分。既然称之为污点修复,即适合于消除画面中的微小部分,因此不适合在较大面积中使用。它使用图像中已经有的样本像素进行覆盖,可以将样本像素的纹理、光照、透明度和阴影等元素覆盖所需修复的区域。该工具使用方法简单,只需要选择该工具,在有污点的地方单击鼠标即可,图 7－25(a)为原图,图(b)为污点修复画笔工具修复后的效果图。

2. 修复画笔工具

修复画笔工具用来修复图像上的瑕疵,即清除图像的一些杂质、褶皱、刮痕等。修复画笔工具首先要进行取样,然后将取样像素的纹理、光照、透明度和阴影等信息以修复有瑕疵的部分,修复后的图像可以不留痕迹地融入图像的其余部分。使用方法和仿制图章工具相同,先按

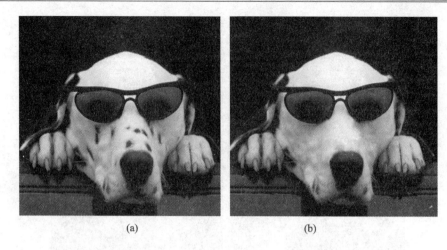

图 7 - 25

住 Alt 键在图像理想的部分获取源样,然后再到有瑕疵的地方点击鼠标左键。图 7 - 26(a)为原图,图(b)为修复画笔工具修复后的效果图。

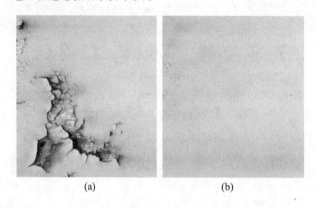

图 7 - 26

3. ▦修补工具

该工具实现的效果与修复画笔相似,使用的方式不同。先在工具的属性栏中选择"源",再圈上需要修补的部分,将鼠标移至圈上的区域内,按住鼠标左键拖动到图像中理想的部分,图像会主动地用理想的部分覆盖有瑕疵的部分。图 7 - 27(a)为原图,图(b)为用修补工具修补后的效果图。

4. ✛红眼工具

红眼工具是用来去除在闪光灯拍照的情况下,导致人物或动物眼睛成红色的情况。该工

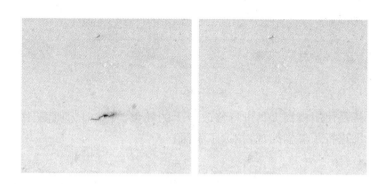

图 7 - 27

具使用方法简单，只需在红眼的部分单击鼠标即可。图 7 - 28(a)为原图，图(b)为用红眼工具修改后的效果图。

图 7 - 28

7.6　模糊工具组

　　模糊工具组包括 3 种模糊工具，分别是模糊工具、锐化工具和涂抹工具，如图 7 - 29 所示。它的操作同画笔工具相似，但效果不同，它是通过调整图像锐化和模糊程度来修改图像的。

1. 模糊工具

　　模糊工具是用来将图像突出的色彩和锐利的边缘进行柔化。其工作原理是降低像素之间的反差，从而使图像变得模糊。

图 7 - 29

　　模糊工具同画笔工具一样可以通过工具属性栏(见图 7 - 30)来选择适合的画笔样式及大小，通过强度大小可以调整模糊的强度，强度越大模糊的效果就越明显。勾选对所有图层取样可以对所有图层起作用。

图 7 - 30

图 7 - 31 所示就是使用模糊工具进行修改产生的效果。图(a)为原图,图(b)为使用模糊工具对人物面部外围进行了模糊处理,拉远了景深。

(a)　　　　　　　　　　　　　(b)

图 7 - 31

2. △ 锐化工具

锐化工具正好和模糊工具相反,它是用来将图像相邻颜色的反差加大,使图像的边缘更锐利。锐化工具的工具属性栏和模糊工具的工具属性栏相同,使用方法也与模糊工具一样。图 7 - 32 是将模糊处理后的图像,再通过锐化工具进行锐化处理的效果,注意人物面部的锐化区别。

3. ▨ 涂抹工具

涂抹工具能制造出用手指在未干的颜料上涂抹的效果。

观察涂抹工具的工具属性栏,画笔、大小及强度同模糊工具和锐化工具。勾选手指绘画可以在涂抹时添加当前前景色,不勾选则无前景色添加,如图 7 - 33 所示。

图 7 - 34 就是通过涂抹工具对原图进行修改处理的效果图,注意观察图(b)人物面部两边

图 7 - 32

图 7 - 33

头发的不同。

(a)　　　　　　　　　　　　　　　　(b)

图 7 - 34

7.7　减淡加深工具组

减淡加深工具组(快捷键 O)是对图像进行明度及纯度调整的工具。包括减淡工具、加深工具和海绵工具,如图 7 - 35 所示。

1. 🔍减淡工具

减淡工具通过提高图像的明度,使图像变淡。

观察减淡工具属性栏(见图 7 - 36),画笔及大小同画笔工具的使用。范围选项指的是要调整的图像范围,"阴影"相对应调整图像的阴影部分,"中间调"相对应调整图像的中间调范围,"高光"相对应调整图像高光亮光部分。勾选保护色调可以在减淡的同时保留色调的纯度。

图 7 - 35

图 7 - 36

图 7 - 37 是通过减淡工具的处理,将原图的色调减淡提高原图的明度所得到的效果。

图 7 - 37

2. 🖐加深工具

加深工具的效果和减淡工具正好相反。它是通过改变图像的曝光度,使图像变暗。

加深工具选项与减淡工具的选项相同,各参数不再介绍。

图 7 - 38 是通过使用加深工具,使原图的色调加深的效果。

图 7 - 38

3. ◎海绵工具

海绵工具是用来改变图像的色彩纯度即图像的饱和度。

可以通过海绵工具属性栏的参数设置来调整效果。图 7 - 39 的"模式"选项包含"减低饱和度"和"饱和"两个选项。选择"降低饱和度"是用来降低图像色彩饱和度的,选择"饱和"可以增加图像色彩饱和度。流量大小实际上就是降低饱和或增加饱和度的大小值,数值越大效果越明显。

图 7 - 39

图 7 - 40 就是通过海绵工具的降低饱和度模式进行图像处理,由此降低了图像中部区域的色彩饱和度。

图 7 - 40

7.8　形状工具组

形状工具组(快捷键 U)是制作常用形状图形的工具组。它包含矩形工具、圆角矩形工具、椭圆工具、多边形工具、直线工具五种,和一组自定形状工具(见图 7 - 41),自定形状工具包含多种自定义形状。

观察工具属性会发现,无论使用哪种形状工具,在工具属性栏中都会有三种形状创建选项按钮,它们分别是形状图层、工作路径和填充区域,如图 7 - 42 所示。

1. 三种形状创建选项按钮

(1) □"形状图层"按钮

单击此按钮,鼠标拖曳绘制图形后,会自动添加一个形状图层,将在"图层"面板中显示,如图 7 - 43 所示。每绘制一个图形对象就创建一个图层,绘制后的图形可以填充颜色或图案。

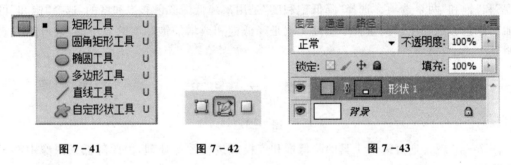

图 7 - 41　　　　　　　图 7 - 42　　　　　　　图 7 - 43

(2) ▨"路径"按钮

单击此按钮,进入路径绘制状态。在这种状态下绘制的是路径,并不会创建新的图层。可以将路径转化为选区进行填充、描边等操作。

(3) □"填充区域"按钮

单击此按钮,进入填充区域状态。在图像中绘制的图形将以前景色填充,并不创建新图层,也不创建工作路径。绘制后的图像可由油漆桶工具填充颜色或图案。

2. 工具属性栏内常用形状工具

(1) □矩形工具

矩形工具的主要作用是绘制矩形或正方形图形。其基本使用方法非常简单,点击矩形工具,移动鼠标到窗口内,拖曳鼠标即可创建矩形形状。按住 Shift 键在图像文件中拖拽鼠标可绘制正方形。

　　(2) ▢圆角矩形工具

　　圆角矩形工具的使用同矩形工具,不同之处就在于圆角矩形可以设置圆角半径(见图 7-44),半径值越大圆角就越圆滑,如图 7-45 所示。

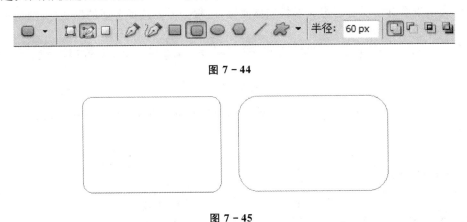

图 7-44

图 7-45

　　(3) ⬭椭圆工具

　　椭圆工具的作用是用来绘制椭圆形或正圆形,其使用方法同矩形工具基本一样。使用椭圆工具时,按住 Shift 键,可以绘制出正圆形;按住 Alt 键,将以中心点为起点绘制圆角矩形;同时按住 Shift 键和 Alt 键,将从中心绘制正圆。

　　(4) ⬡多边形工具

　　多边形工具的主要作用是绘制正多边形或星形,其绘制方法同矩形工具一样。在工具属性栏中有一个“边”文本框,输入相应的数值,多边形就会以相应的边数呈现,如图 7-46 所示。

图 7-46

　　(5) ╱直线工具

　　直线工具的主要作用是绘制直线形状或绘制带有箭头的直线形状,在直线工具属性栏中可以看到一个“粗细”文本框,输入相应的数值直线的粗细就会以相应的像素粗细呈现(见图 7-47)。直线的颜色为当前选择前景色。

图 7-47

（6）![自定形状工具图标]自定形状工具

自定形状工具的主要作用可以把一些定义好了的图形形状拿过来直接使用,使创建的图形更加灵活快捷。观察自定形状工具属性栏,在工具属性中有一个"形状"文本框(见图 7 - 48),单击"形状"文本框会弹出所有自定义形状选择面板,可根据需要选择合适的形状(见图 7 - 49)。

图 7 - 48

另外,还可以通过自定形状工具属性栏中的自定形状选项,设置形状图形的比例大小等属性,如图 7 - 50 所示。

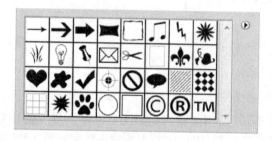

图 7 - 49

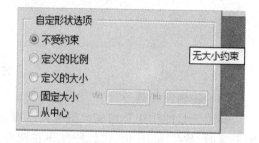

图 7 - 50

技能点拨:用户可以自己设计新的自定形状样式。

新建画布,使用各种自定义形状工具绘制一个图形,必须在一个形状图层中绘制。执行"编辑"→"定义自定义形状"命令,打开"形状名称"对话框,并在对话框中给形状命名。再单击"确定"按钮,即可将刚刚绘制的图像定义为新的自定形状样式。在"自定形状样式"面板中可以找到这个图形。

7.9　综合实例——黑白老照片换新颜

打开一张老的却是黑白照片(见图 7 - 51),但时间久远保存不当,照片颜色泛黄而且照片上有大量污点。修改首先要调整照片颜色使它还原黑白色调,黑白灰色调对比和谐。

打开菜单栏选择(图像—调整—去色)(见图 7 - 52)使照片还原色白色调(见图 7 - 53)。

使用仿制图章工具修复人物面部的污点(见图 7 - 54)。

使用仿制图章工具及修补工具,修复照片中墙面及其他部分的污点(见图 7 - 55)。

新建一图层并放在最上层,将图层属性设置为正片叠底(见图 7 - 56)。

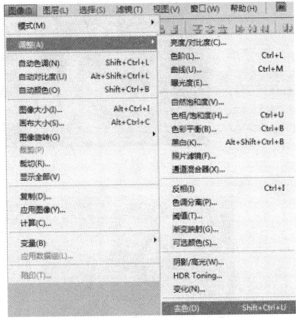

图 7 - 51　　　　　　　　　　　　　　　　图 7 - 52

图 7 - 53

　　照片的着色：选择适当的颜色、调整合适的画笔在正片叠底这一图层上着色在黑白照片上（见图 7 - 57）。

　　着色完成后，选择当前着色图层并选择修正后的黑白底色图层，合并两个图层。

　　使用曲线调整快捷键 Ctrl＋M（见图 7 - 58）调整画面明度纯度，使画面明亮饱和，如图 7 - 59 所示。

图 7 - 54

图 7 - 55

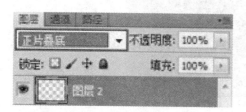

图 7 - 56

图 7 - 57

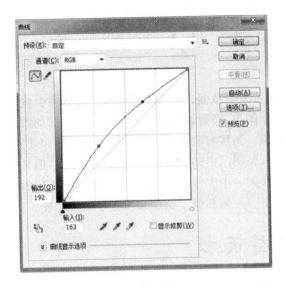

图 7 - 58

图 7 - 59

第8章 图 层

图层是 Photoshop 中很重要的一部分。图层可以看成是一张张透明的胶片,当多个没有图像的图层叠加在一起时,可以看到最下面的一个图层,即背景图层。而当多个有图像的图层叠加在一起时,则可以看到各图层图像叠加的效果。图层有利于实现图像的分层管理和处理,并对不同图层的图像进行加工处理,而不会影响其他图层内的图像。各图层相互独立,但又相互关联,可以将各图层随意地进行合并等操作。在同一个图像文件中,所有图层具有相同的属性。各图层可以合并后输出,也可以分别单独输出。一幅图像中至少必须有一个层存在。

8.1 图层面板

图层面板是用来管理图层的,所有图层的功能都使用图层菜单或图层面板来控制。Photoshop CS5 中图层面板如图 8−1 所示。

图 8−1

图层面板中部分选项的作用介绍如下:

① 正常 :在其下拉列表中可指定当前图层与其下面图层的颜色混合模式。

② 不透明度:100% :设置图层中图像的不透明度。

③ 锁定透明像素 ☐:单击此按钮,锁定当前图层的透明像素区域,进行编辑操作时只能对图层中的不透明区域有效。

④ 锁定图像像素 ✎:单击此按钮,锁定当前图层的内容,禁止对当前图层中的内容进行编辑修改操作,只可对图层进行移动和变形。

⑤ 锁定位置 ✛:单击此按钮,锁定全部操作,即在该图层中不能进行任何操作。

⑥ 锁定全部 🔒:单击此按钮,锁定全部操作,即在该图层中不能进行任何操作。

⑦ 添加图层样式 *fx*.:单击此按钮,在弹出的快捷菜单中选择某个样式命令为图层添加特殊样式效果。"图层样式"对话框如图 8-2 所示。

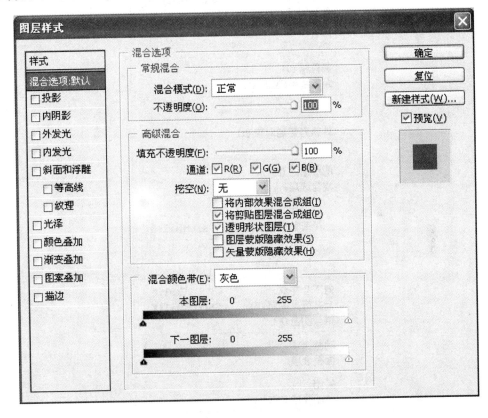

图 8-2

⑧ 添加图层蒙版 ◻:单击此按钮,将给当前图层添加一个图层蒙版。

⑨ 创建新的填充或调整图层 ◕.:单击此按钮,可在弹出的菜单中选择调整图层色彩和色调命令。

⑩ 创建新组 ◻:单击此按钮,建立一个图层文件夹,可将不同的图层拖动到一个图层组中。利用该功能可管理图层。

⑪ 创建新图层 ：单击此按钮，将新建一个普通图层。

⑫ 删除图层 ：单击此按钮，可删除当前图层。

⑬ 指定图层可见性 ：单击此按钮，可显示或隐藏选中的图层。

⑭ 指定链接到其他图层 ：图层前有此标志，表示该图层已经与其他图层进行了链接。对有链接关系的图层进行操作时，其他链接的图层也会受影响。

⑮ ：单击此按钮，可弹出如图 8-3 所示的图层面板菜单，并对图层进行新建、删除、合并等操作。

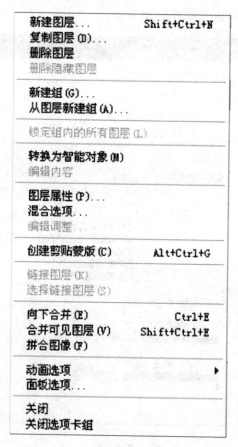

图 8-3

图层面板可以显示各图层中内容的缩览图，这样可以方便查找图层。默认的是小缩览图，可以使用中或大或关闭缩览图。方法是在图层调板空白区域（即没有图层显示的地方）单击右键更改缩览图大小，如图 8-4 所示。也可单击图层调板右上角的按钮 ，在弹出菜单中选择"面板选项"，如图 8-5 所示。

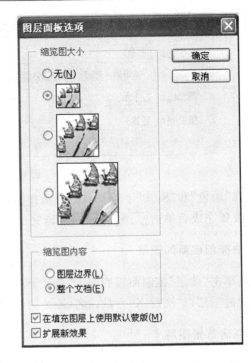

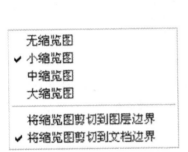

图 8 - 4　　　　　　　　　　　　　　　　　　　　图 8 - 5

　　由于缩览图占用的空间较大,有时候反而降低了图层调板的使用效率,在这里应先使用小缩览图查看方式。熟练以后,建议关闭缩览图以获取较大的图层调板使用空间。

8.2　图层的基本操作

8.2.1　创建图层

　　创建图层主要包括创建空白图层、通过复制图像创建图层、创建背景图层、创建调整图层、创建填充图层、创建文字图层、创建形状图层以及创建图层蒙版等。

1. 创建空白图层的操作

　　该操作非常简单,在创建出来的图层上可以进行各种操作。创建空白图层的具体操作如下:

　　① 选择【图层】>【新建】>【图层】命令,弹出如图 8 - 6 的"新建图层"对话框。

　　② 在"名称"文本框中输入图层名称。

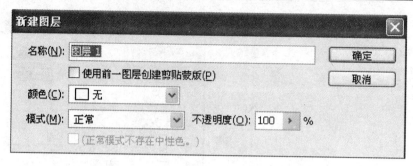

图 8-6

③ 在"颜色"和"模式"下拉列表框中选择图层在面板中的显示颜色和混合模式。

④ 设置完成后单击 [确定] 按钮，即完成空白图层的创建。

2. 快捷创建新的图层

直接单击"图层"控制面板底部的"创建新的图层"按钮 ⊡ 可以快速地创建一个新的图层，只是创建的图层以"图层 X"为默认名（X 为阿拉伯数字，由 1 开始顺延），且图层没有颜色。

3. 创建背景图层

将图 8-7 所示图层创建为背景图层，具体操作如下：

① 在图层面板中选中要作为背景的图层。

② 选择【图层】>【新建】>【背景图层】命令，即可将选中的图层设置为背景图层，如图 8-8 所示。

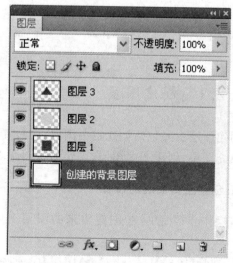

图 8-7   图 8-8

4. 创建调整图层

调整图层是将"色阶"、"曲线"和"色彩平衡"等调整命令制作的效果单独放在一个图层中。
创建调整图层具体操作如下：

① 选择【图层】>【新建调整图层】命令，弹出其子菜单，如图 8 - 9 所示。

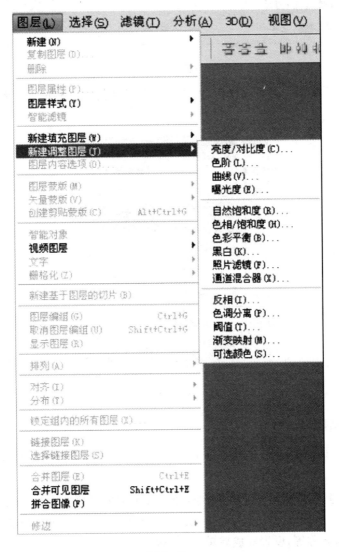

图 8 - 9

② 选择"色阶"调整命令，此时会弹出"新建图层"对话框，可以在其中设置色阶图层的名

称和颜色等,如图 8 - 10 所示。

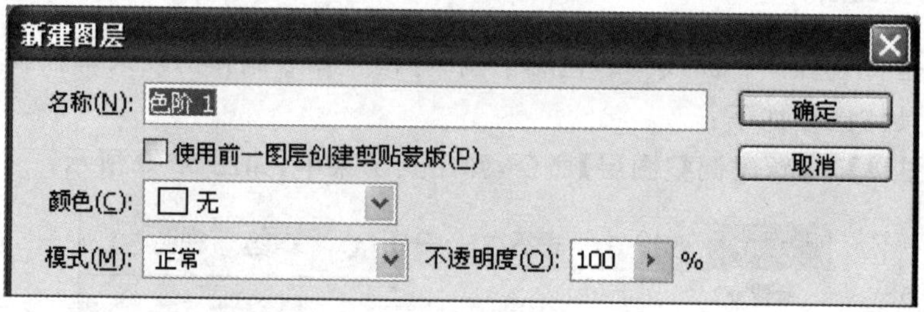

图 8 - 10

③ 设置完成后单击 确定 按钮,此时图层控制面板会添加一个调整图层的标志,如图 8 - 11 所示。

图 8 - 11

5. 创建填充图层

填充图层是将各种填充模式的效果单独放在一个图层中。创建填充图层的具体操作如下:

① 选择【图层】>【新建填充图层】命令,弹出其子菜单,如图 8 - 12 所示。

② 选择一种填充类型如"纯色"命令,会弹出如图 8 - 13 所示的"新建图层"对话框,在其中设置填充图层的名称等,设置完成后单击 确定 按钮。

③ 对图 8 - 14 所示的"拾色器"对话框进行参数设定,设定完成后单击 确定 按钮,则图层控制面板会添加一个填充图层的标志,如图 8 - 15 所示。

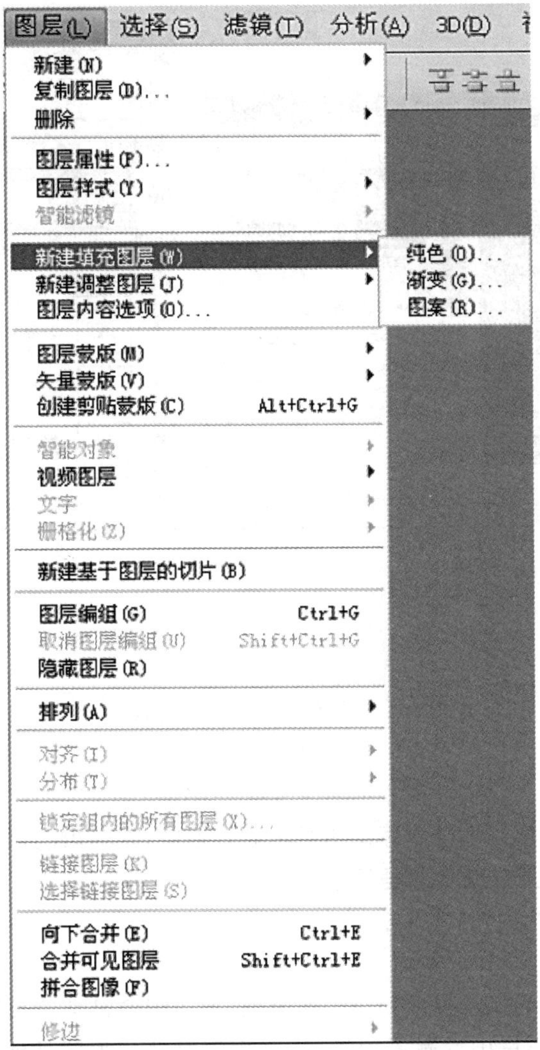

| 图层(L) | 选择(S) | 滤镜(T) | 分析(A) | 3D(D) |

新建 (N)　　　　　　　　　　▶

复制图层 (D)...

删除　　　　　　　　　　　　▶

图层属性 (P)...

图层样式 (Y)　　　　　　　　▶

智能滤镜　　　　　　　　　　▶

新建填充图层 (W)　　　　　　▶　　纯色 (O)...

新建调整图层 (J)　　　　　　▶　　渐变 (G)...

图层内容选项 (O)...　　　　　　　　图案 (R)...

图层蒙版 (M)　　　　　　　　▶

矢量蒙版 (V)　　　　　　　　▶

创建剪贴蒙版 (C)　　Alt+Ctrl+G

智能对象　　　　　　　　　　▶

视频图层　　　　　　　　　　▶

文字　　　　　　　　　　　　▶

栅格化 (Z)　　　　　　　　　▶

新建基于图层的切片 (B)

图层编组 (G)　　　　　　Ctrl+G

取消图层编组 (U)　　Shift+Ctrl+G

隐藏图层 (R)

排列 (A)　　　　　　　　　　▶

对齐 (I)　　　　　　　　　　▶

分布 (T)　　　　　　　　　　▶

锁定组内的所有图层 (X)...

链接图层 (K)

选择链接图层 (S)

向下合并 (E)　　　　　　Ctrl+E

合并可见图层　　　Shift+Ctrl+E

拼合图像 (F)

修边　　　　　　　　　　　　▶

图 8 – 12

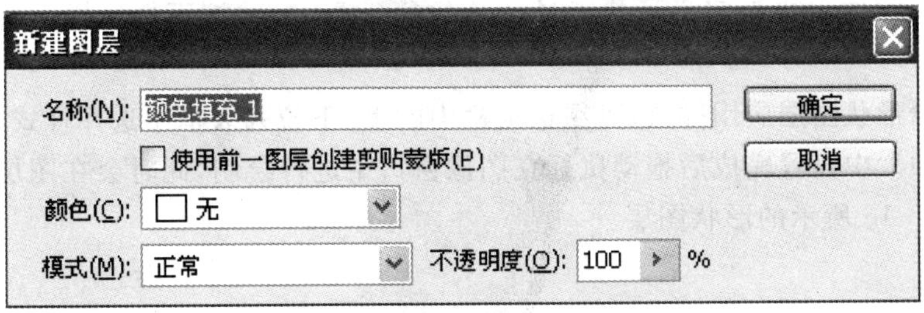

新建图层　　　　　　　　　　　　　　　　×

名称(N): 颜色填充 1　　　　　　　　　　　确定

□ 使用前一图层创建剪贴蒙版(P)　　　　取消

颜色(C): □ 无　　　▼

模式(M): 正常　　　▼　　不透明度(O): 100 ▶ %

图 8 – 13

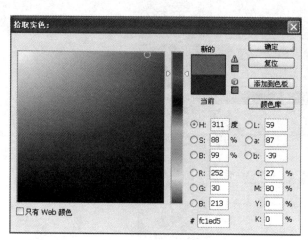

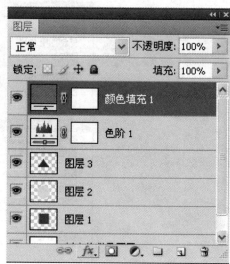

图 8-14   图 8-15

6. 创建文字图层

在工具箱中单击文字工具 T，单击图像空白处并输入文字，系统将自动在当前图层之上建立一个以输入的文字内容为名称的文字图层。

大部分的绘图工具和编辑功能不能用于文字图层，要对文字图层进行一些操作，必须先将文字图层转化为普通图层。在文本图层中单击鼠标右键，在弹出的快捷菜单中选择"栅格化文字"命令，即可将文字图层转化为普通图层。

7. 创建形状图层

使用形状工具或钢笔工具可以创建形状图层，形状中会自动填充当前的前景色。在 Photoshop CS4 中，可以在图层中绘制多个形状，并指定重叠的形状如何相互作用。创建形状图层的具体操作如下：

① 在工具箱中单击自定义形状工具 或钢笔工具 ，并按下选择栏中的"形状图层"按钮 。

② 若要给形状图层应用样式，可在选项栏中的 样式 下拉列表框中选择样式。

③ 在选项栏中设置完成后拖动鼠标在图像窗口中进行绘制，此时会在图层控制面板中建立一个如图 8-16 所示的形状图层。

图 8 - 16

8.2.2 复制图层

复制图像创建图层是在 Photoshop CS5 实际操作中常用的一种方法,在复制出的图层上进行各种编辑操作,可以不用担心编辑原图时因操作失误而造成无法挽回的损失。复制图层的方法有拖动复制和利用菜单命令复制两种。

1. 拖动复制图层的操作

① 在图层面板中选中需要复制的图层,将要复制的图层拖动到图层面板的"创建新图层"按钮 □ 上。

② 当在该按钮上出现手形时释放鼠标,此时会在图层面板中出现一个与被复制图层相同的"图层 X 副本"命名的图层,如图 8 - 17 所示。

③ 若想重命名复制的新图层,在图层名处双击鼠标,此时图层处于可编辑状态,如图 8 - 18 所示。

④ 输入新图层的名称后在可编辑状态之外单击鼠标,即完成操作,如图 8 - 19 所示。

2. 利用菜单命令复制图层的操作

① 选中需要复制的图层,单击图层控制面板中的 按钮,在弹出的快捷菜单中选择"复制图层"命令或选择【图层】>【复制图层】命令,弹出"复制图层"对话框,如图 8 - 20 所示。

图 8 – 17   图 8 – 18

图 8 – 19

② 为图层设置一个新名称,然后单击 ┌──确定──┐ 按钮即可。

图 8 - 20

8.2.3　锁定图层

锁定图层是为了防止误操作。在背景图层上始终有一个锁定的标志 ，这是因为背景层自动具有一些锁定功能。

Photoshop CS4 提供了 4 种锁定方式，用户可自行给图层设置锁定方式。

① 锁定透明像素 ：单击此按钮，锁定当前图层的透明像素区域，进行编辑操作时只能对图层中的不透明区域有效。

② 锁定图像像素 ：单击此按钮，锁定当前图层的内容，禁止对当前图层中的内容进行编辑修改操作，只对图层进行移动和变形。

③ 锁定位置 ：单击此按钮，锁定全部操作，即在该图层中不能进行任何操作。

④ 锁定全部 ：单击此按钮，锁定全部操作，即在该图层中不能进行任何操作。

8.2.4　设置图层属性

要改变图层面板中图层的颜色和名称，方法有两种。

方法 1：单击【图层】>【图层属性】命令，弹出"图层属性"对话框，如图 8 - 21 所示。

图 8 - 21

　　方法 2：在图层面板中选中需要设置图层属性的图层，单击右键，在弹出的快捷菜单中选择"图层属性"即可。

8.2.5　合并图层

　　在图形处理过程中，可以通过合并图层来节省内存空间并提高操作速度。合并图层有 3 种方式：

　　选中要合并的图层，单击图层控制面板中的  按钮，弹出如图 8 - 22 所示的快捷菜单，其中各选项的含义如下：

图 8 - 22

　　* 选择"向下合并"命令，被链接的图层合并到最下面的一个图层中。
　　* 选择"合并可见图层"命令，将图层中除被隐藏图层外的所有图层合并在一起。

＊选择"拼合图像"命令,可将图层中所有的图层合并为背景,如果图层中有隐藏图层,则会弹出如图8-23提示框。单击 确定 按钮会扔掉隐藏图层的内容然后合并可见图层,单击 取消 按钮将取消"拼合图像"命令的执行。

图 8 - 23

8.2.6　图层的删除

删除图层的方法有拖动删除图层和利用菜单命令删除图层两种。

1. 拖动删除图层的操作

在图层面板中选择要删除的图层作为当前图层,单击图层面板底部的删除按钮 或直接用鼠标拖动该图层到删除按钮 上。

2. 利用菜单命令删除图层的操作

在图层面板中选择要删除的图层作为当前图层,单击图层面板中的 按钮,在弹出的快捷菜单中选择"删除图层"命令,或选择【图层】>【删除】>【图层】命令,在打开的提示对话框中单击 是(Y) 按钮即可,如图8-24所示。

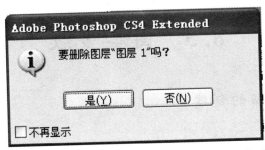

图 8 - 24

8.2.7　链接图层

对多个图层同时进行移动时,可以将有关图层链接起来。其具体操作如下:

① 选择需要链接的一个图层,使其成为当前图层。

② 按住 Ctrl,单击需要链接的另一个图层,在单击 ▾≣ 后选择"链接图层",将会出现链接图标 ⊶,表示链接成功。再次单击该图标则链接被取消。

8.2.8　图层组

图层组可以帮助同时编辑多个图层,使用图层组可以将图层作为一组移动,对图层组应用属性和蒙版也更加简便快捷。创建图层组主要有以下几种方法:

方法 1:选择【图层】>【新建】>【组】命令。

方法 2:从图层控制面板菜单中单击 ▾≣ 按钮,选择"新建组"命令。

方法 3:按住 Alt 键的同时单击图层控制面板中的"新建组"按钮 ▭,则弹出"新建组"对话框,在其中进行设置(见图 8-25)。设置完成后单击 确定 按钮即可。

图 8-25

8.3　图层蒙版

8.3.1　图层蒙版的创建

1. 图层蒙版的创建步骤

图层蒙版可以隐藏整个图层或者其中的所选部分,但背景图层不能创建蒙版。可以为图层或图层组创建蒙版,创建蒙版的具体操作如下:

① 在图层控制面板中,选择要添加蒙版的图层或图层组。

② 在图层控制面板的底部单击"添加图层蒙版"按钮 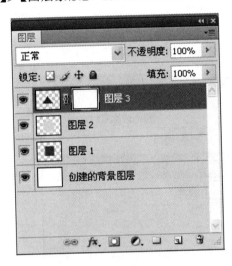 ,或选择【图层】>【图层蒙版】>【显示全部】命令,创建显示整个图层的蒙版,如图 8-26 所示。

③ 要创建隐藏整个图层的矢量蒙版,按住 Alt 键并单击"添加图层蒙版"按钮 ,或选择【图层】>【图层蒙版】>【隐藏全部】命令,如图 8-27 所示。

图 8-26

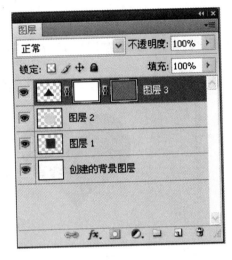

图 8-27

2. 创建、调整、填充图层

创建填充图层、调整图层和形状工具组各工具绘制出的形状图层时,都会自动地创建蒙版,如图 8-28 所示。

图 8-28

8.3.2 图层蒙版的编辑

图层蒙版创建后，可以使用各种编辑工具对蒙版进行编辑。下面举例说明编辑蒙版的几种方法。

1. 对蒙版创建选区

① 新建画布，并且新建"图层 1"，在图层 1 上绘制一个形状，如图 8-29 所示。

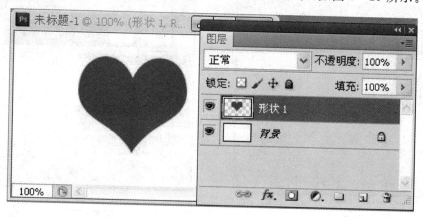

图 8-29

② 对"形状 1"添加蒙版，如图 8-30 所示。

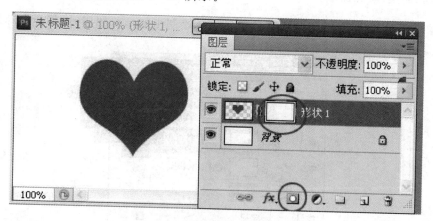

图 8-30

③ 保持蒙版的选定状态，在蒙版中创建如图 8-31 所示的选区。

④ 对选区内填充黑色，如图 8-32 所示。

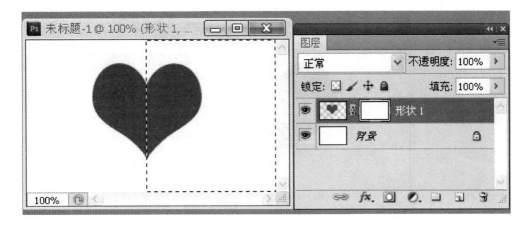

图 8-31

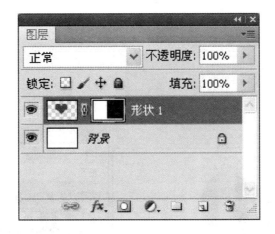

图 8-32

⑤ 该形状的最终显示效果如图 8-33 所示。

2. 用画笔在蒙版中绘制

在上例中,可以直接用画笔工具在蒙版中进行绘制。选择画笔工具,将前景色设为黑色,调整好画笔笔触。保持蒙版的选定状态,在图像中涂抹,如图 8-34 所示(本例中在蒙版上绘制了三条直线)。图像的显示效果如图 8-34(a)所示。

当然,在实际应用时,还可根据需要,调整画笔的不透明度、画笔样式等。在处理图像时还可以用其他工具对蒙版进行编辑,使图像或图像的某部分显示或隐藏,应用时可灵活选用。

技能点拨:按住 Alt 键单击蒙版缩略图,可以在画布中显示蒙版。再次按住 Alt 键单击蒙版缩略图,又可以显示图像。

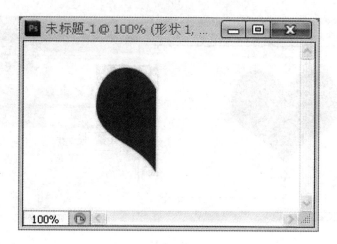

图 8 – 33

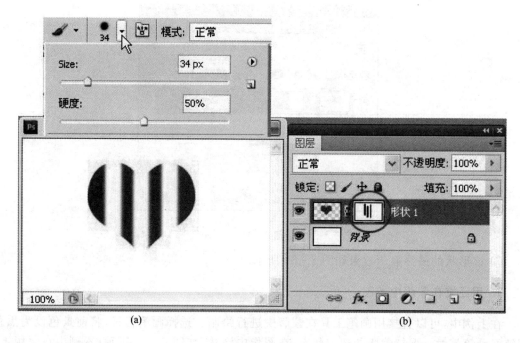

(a)   (b)

图 8 – 34

8.4   图层的样式

在 Photoshop CS5 中可以对图层添加包括阴影、发光、斜面和浮雕等在内的各种样式效果。

8.4.1　添加图层样式

单击图层控制面板下方的"添加图层样式"按钮 *fx.*，在弹出的快捷菜单中选择需要的效果命令，然后在弹出的对话框中进行参数设置。也可以选择【图层】>【图层样式】命令，在其子菜单中选择相应的图层样式效果命令。

在图层控制面板中添加了图层效果后在图层右侧会显示一个 *fx.* 图标（见图 8-35），表示该图层添加了图层样式效果；单击该图标右侧的 图标，可以显示该图层所添加的全部图层样式效果，如图 8-36 所示。

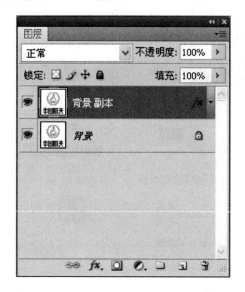

图 8-35　　　　　　　　　　　　图 8-36

8.4.2　应用图层样式

1. 投影效果

单击图层控制面板下方的 *fx.* 按钮，在弹出的快捷菜单中选择"投影"命令，弹出如图 8-37 的"图层样式"对话框。各选项含义如下：

＊"混合模式"下拉列表框 混合模式(B)：在其中可以设置添加的阴影与原图像合成的模式，单击该选项后面的色块■，在弹出的"拾色器"对话框中可以设置阴影的颜色。

* "不透明度"文本框 不透明度(O): ：用于设置阴影的不透明程度。
* "角度"文本框 角度(A): ：用于设置产生阴影的角度，可以直接输入角度值，也可以拖动指针进行旋转来设置角度值。
* 复选框 ☑使用全局光(G) ：选中该复选框，则图像中的所有图层效果使用相同光线照入角度。
* "距离"文本框 距离(D): ：用于设置暗调的偏移量，值越大偏移量就越大。
* "扩展"文本框 扩展(R): ：用于设置阴影的扩散程度。
* "大小"文本框 大小(S): ：用于设置阴影的模糊程度，数值越大越模糊。
* "等高线"下拉列表框 等高线 ：用于设置阴影的轮廓形状，可以在其下拉列表框中进行选择。
* ☑消除锯齿(L) 复选框：用于设置阴影的边缘是否具有抗锯齿波的效果。
* "杂色"文本框 杂色(N): ：用于设置是否使用噪声点来对阴影进行填充。

设置完成后，单击 确定 按钮，即可为图层添加投影效果。

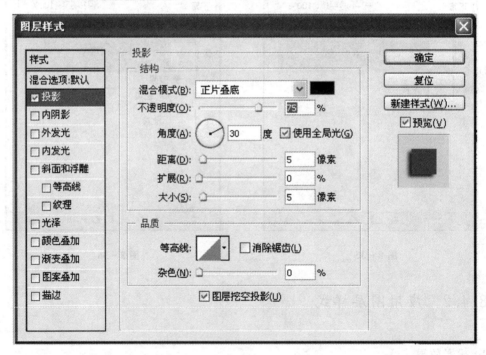

图 8 - 37

2. 内投影效果

单击图层控制面板下方的 fx 按钮，在弹出的快捷菜单中选择"内阴影"命令，弹出如图 8 - 38

所示的对话框,其中的各项参数设置与"投影"效果的设置完全相同。

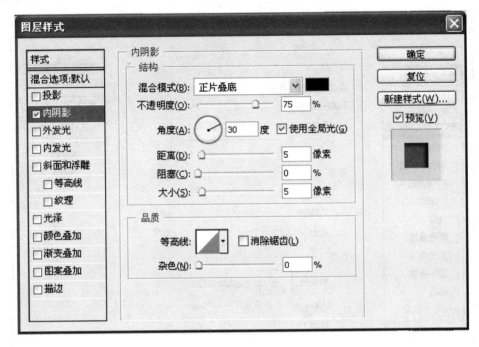

图 8 - 38

3. 发光效果

在 Photoshop CS4 中提供了外发光和内发光两种发光效果。其中"外发光"效果可以在图像边缘的外部添加发光效果,"内发光"效果可以在图像边缘的内部添加发光效果。

(1) 外发光效果

单击图层控制面板下方的 按钮,在弹出的快捷菜单中选择"外发光"命令,弹出如图 8 - 39 的"图层样式"对话框,各选项含义如下:

* ⊙□ 单选项:选中该单选项,则使用一个单一的颜色作为发光效果的颜色,单击其中的色块,在打开的"拾色器"对话框中可以选择其他颜色。

* ⊙ ▭ 单选项:选中该单选项,则使用一个渐变颜色作为发光效果的颜色,单击其中的色块,在打开的"渐变编辑器"对话框中可以选择其他的渐变颜色。

* "方法"下拉列表框 方法(Q): :用于设置对外发光效果应用的柔和技术,选择"较柔和"选项可使外发光效果更柔和。

* "范围"文本框 范围(R): :用于设置光的轮廓范围。

* "抖动"文本框 抖动(J): :用于在光中产生颜色杂点。

设置完成后,单击 确定 按钮即可。

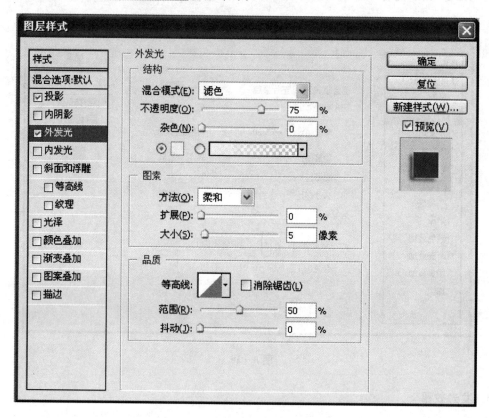

图 8 - 39

(2)内发光效果

单击图层控制面板下方的 *fx.* 按钮,在弹出的快捷菜单中选择"外发光"命令,弹出如图 8 - 40 所示对话框,与"外发光"效果的对话框类似,只是产生的光效果方向不同。其中 ⊙居中(E) 单选项表示光线将从图像中心向外扩展, ⊙边缘(G) 单选项表示将从边缘内侧向中心扩展。

4. 斜面和浮雕效果

单击图层控制面板下方的 *fx.* 按钮,在弹出的快捷菜单中选择"斜面和浮雕"命令,弹出如图 8 - 41 的"图层样式"对话框。各选项含义如下:

＊"样式"下拉列表框 样式(D):用于选择斜面和浮雕的具体形态,包含"外斜面"、"内斜面"、"浮雕效果"、"枕状浮雕""描边浮雕"5 个选项。

＊"方法"下拉列表框 方法(Q):有 3 个选项,其中"平滑"选项是一种平滑的浮雕效果,"雕刻清晰"是一种硬的雕刻效果,"雕刻柔和"是一种软的雕刻效果。

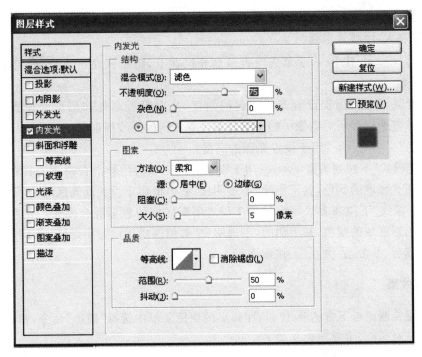

图 8 - 40

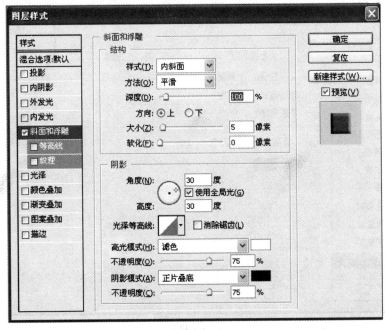

图 8 - 41

　　* "深度"文本框 深度(D)：用于控制斜面和浮雕的效果深浅程度,其取值在 0%～1 000%之间,设置的值越大,浮雕效果越明显。

　　* "方向"栏 方向：其中,⊙上 单选项表示高光区在上,阴影区在下。 ⊙下 单选项表示高光区在下,阴影区在上。

　　* "角度"栏 角度(N)：用于设置光线照射的角度,从而设置高光和阴影的位置。其下方的 ☑使用全局光(G) 复选框表示对图像中的图层效果设置相同的光线照射角度。

　　* "高度"文本框 高度：用于设置光源的高度。

　　* "高光模式"下拉列表框 高光模式(H)：用于设置高光区域的色彩混合模式。其右侧的颜色方框用于设置高光区域的颜色,其下侧的"不透明度"数值框用于设置高光区域的不透明度。

　　* "阴影模式"下拉列表框 阴影模式(A)：用于设置阴影区域的色彩混合模式。其右侧的颜色方框用于设置阴影区域的颜色,其下侧的"不透明度"数值框用于设置阴影区域的不透明度。

　　设置完成后,单击 确定 按钮即可。

5. 描边效果

　　单击图层控制面板下方的 fx. 按钮,在弹出的快捷菜单中选择"描边"命令,弹出如图 8－42 的"图层样式"对话框,主要项含义如下:

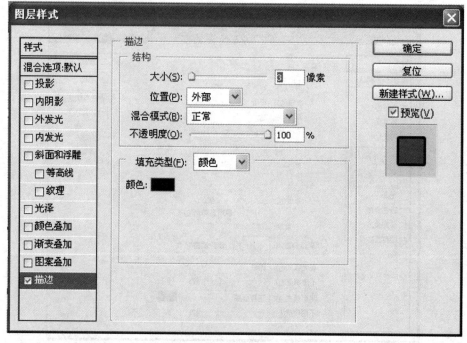

图 8－42

　＊"位置"下拉列表框 位置(P): 用于设置描边的位置,可以选择"外部"、"内部"或者"居中"3
种位置类型。

　＊"填充类型"下拉列表框 填充类型(F): 用于设置描边填充的内容类型,包括"颜色"、"渐变"和
"图案"3 种类型。

8.4.3 保存图层样式

保存图层样式的 3 种方法:

① 单击图 8-42 所示"图层样式"对话框内的"新建样式"命令 新建样式(W)... ,也可以调出如
图 8-43 所示"新建样式"对话框。给样式命名和进行设置后,单击 确定 按钮即可。

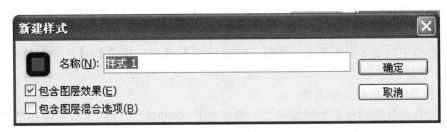

图 8-43

② 在已添加图层样式的图层上单击右键,选择"拷贝图层样式"命令,然后将鼠标移到"样
式"调板内样式图案之上,单击鼠标右键,会弹出如图 8-44 的菜单,再单击该菜单中的"新样
式"命令,即可弹出"新样式"对话框。给样式命名和进行设置后,单击 确定 按钮,即可在
"样式"调板内样式图案的最后边增加一种新的样式图案。

图 8-44

③ 在已添加图层样式的图层上单击右键,选择"拷贝图层样式"命令,然后将鼠标移到"样式"调板内样式图案之上,单击 按钮,选择"新建样式"命令,给样式命名和进行设置后,单击 确定 按钮即可。

8.4.4 管理和编辑图层样式

1. 复制和粘贴图层样式

复制和粘贴图层样式的操作可以将一个图层的样式复制添加到其他图层中。

(1)2 种复制图层样式的方法

* 将鼠标指针移到添加了图层样式的图层或其样式层之上,单击鼠标右键,弹出其快捷菜单,在单击"复制图层样式"命令,即可复制图层样式。

* 单击选中添加了图层样式的图层,选择【图层】>【图层样式】>【复制图层样式】命令,也可复制图层样式。

(2)2 种粘贴图层样式的方法

* 将鼠标指针移到要添加图层样式的图层之上,单击鼠标右键,弹出其快捷菜单,在单击"粘贴图层样式"命令,即可给选中的图层添加图层样式。

* 单击选中要添加图层样式的图层,选择【图层】>【图层样式】>【粘贴图层样式】命令,也可给选中的图层粘贴图层样式。

2. 隐藏和显示图层样式

① 隐藏图层效果:单击图层调板内"效果"层左边的 按钮,使它消失,即可隐藏所有的图层效果;单击"效果"下方某一样式左侧的 按钮,则可对指定的样式隐藏,如图 8-45 所示。

② 隐藏图层的全部效果:单击【图层】>【图层样式】>【隐藏所有效果】命令,可以将选中的图层的全部效果隐藏,即隐藏图层样式。

③ 单击图层调板内"效果"层左边的 按钮,会使 按钮显示出来,同时使隐藏的图层效果显示出来。

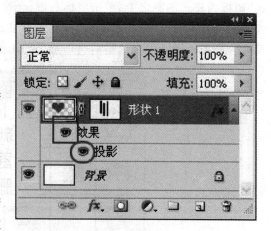

图 8-45

3. 删除图层效果和删除图层调板中的图层样式

① 删除一个图层效果:用鼠标将图层调板内的效果名称层如 【效果 描边】 拖移到"删除图层"按钮上,再松开鼠标左键,即可将该效果删除。

② 删除一个或多个图层效果:选中要删除图层效果的图层,双击调出"图层样式"对话框,然后取消该对话框左侧"样式"栏目复选框的选取。可删除全部图层效果。

③ 删除图层调板中的图层样式:单击选中添加了图层样式的图层,再单击鼠标右键,弹出其快捷菜单,单击菜单中的"清除图层样式"命令,即可删除全部图层效果,即添加的图层样式。

还可以单击【图层】>【图层样式】>【清除图层样式】命令,或者单击"样式"调板中的"清除样式"按钮 ⊘ 来删除选中图层的图层样式。

8.5 图层混合模式

1. 图层模式简介

图层的混合模式是指两个图层之间的叠加模式,也就是多个图层的透叠效果,如果只有一个图层则不能形成叠加,所以要有两个图层或两个以上的图层才可以实现图层的混合模式。

Photoshop 的图层模式分为 6 组,依次为不依赖底层图像的"正常"与"溶解";使底层图像变暗的"变暗"、"正片叠底"、"颜色加深"、"线性加深"与"深色";使底层图像变亮的"变亮"、"滤色"、"颜色减淡"、"线性减淡"与"浅色";增加底层图像的对比度"叠加"、"柔光"、"强光"、"亮光"、"点光"、"线性光"与"实色混合";对比上下图层的"差值"与"排除";把一定量的上层图像应用到底层图像中"色相"、"饱和度"、"颜色"与"明度度"。

其中,第二组和第三组的图层混合模式是完全相反的,比如"正片叠底"就是"滤色"的相反模式。"强光"模式可以为图像添加高光,而"点光"和"线性光"模式可以配合透明度的调整为图像增加纹理。"色相"和"颜色"模式可以为图像增添上色。

2. 各种图层混合模式的作用

① "正常"模式:在"正常"模式下,上一图层将会覆盖下一图层的内容。打开一幅图像,新建"图层 1"层,在"图层 1"底部绘制矩形选区并填充红色,可以看到,红色矩形块完全覆盖了背景层相应位置上的图像,如图 8-46 所示。

② "溶解"模式:"溶解"模式将产生未知的结果,同底层的原始颜色交替以创建一种类似扩散抖动的效果,这种效果是随机生成的。通常在"溶解"模式中采用颜色或图像样本的"不透明度"越低,颜色或者图像样本同原始图像像素抖动的频率就越高。

图 8 - 46

打开一幅图像,新建"图层 1",将"图层 1"的混合模式设为"溶解"。选择一种柔角画笔笔触,设置前景色,在"图层 1"上绘制,效果如图 8 - 47 所示。

③ "变暗"模式:Photoshop 自动检测红、绿、蓝三种通道的颜色信息,选择基色或混合色中较暗的部分作为结果色,其中比结果色亮的像素将被替换掉,就会露出背景图像的颜色,比结果色暗的像素则保持不变。

观看"变暗"模式在图像上产生的效果,打开一张照片,新建"图层 1",填充为蓝色,设置填充蓝色的图层 1 的混合模式为"变暗",效果如图 8 - 48 所示。

④ "正片叠底"模式:Photoshop 自动检测红、绿、蓝三个通道的颜色信息并将基色与混合色复合,结果色也是选择较暗的颜色。任何颜色与黑色混合将产生黑色,与白色混合保持不变。

打开一幅图像,在图层面板中复制"背景"层得到"图层 1"层,并设置"图层 1"层的图层混合模式为"正片叠底",立现压暗了偏亮的画面,如图 8 - 49 所示。

⑤ "颜色加深"模式:Photoshop 自动检测红、绿、蓝三个通道的颜色信息,通过增加对比度使基色变暗,反映的混合色为结果色。"颜色加深"模式适合高调照片的色彩处理和着色,不宜过重过浓,否则会出现生硬的色阶,而对比度的过大不但会造成画面变得更暗,还会损失很

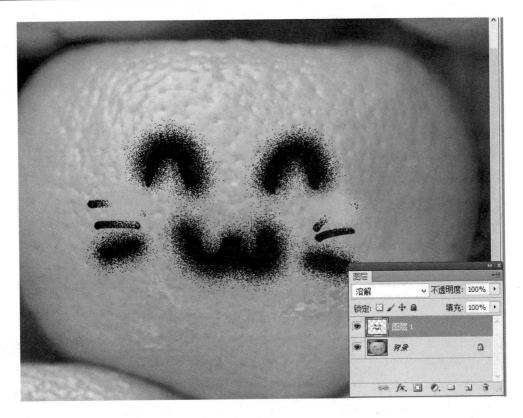

图 8 – 47

多层次。

打开一张照片,新建"图层 1"层,填充为紫色,设置填充紫色的图层 1 的混合模式为"颜色加深",效果如图 8 – 50 所示。

⑥ "线性加深"模式:Photoshop 自动检测红、绿、蓝三个通道的颜色信息,通过减少亮度使基色变暗以反映混合色,"线性加深"模式同样也可以压暗画面,降低色彩的明度,并且色彩感觉较为自然。

打开一张照片,新建"图层 1"层,填充为橙色,设置填充橙色的图层 1 的混合模式为"线性加深",效果如图 8 – 51 所示。

⑦ "深色"模式:比较混合色和基色的所有通道值的总和,并显示值较小的颜色。"深色"模式不会生成第三种颜色,但可以通过变暗混合获得。因此,它从基色和混合色中选择最小的通道值来创建结果色。

图 8 – 52(a)为原图,图(b)为新建"图层 1"并填充青色,设置"图层 1"混合模式为"深色"的效果。

图 8 – 48

图 8 – 49

⑧ "变亮"模式:查看图层中的颜色信息,自动检测红、绿、蓝三个通道的颜色信息,并选择基色或混合色中较亮的颜色作为结果色。比混合色暗的像素被替换,比混合色亮的像素保持不变。

打开一张照片,新建"图层 1"层,填充为橙色,置填充橙色的"图层 1"的混合模式为"变亮",效果如图 8 – 53 所示。

图 8-50

⑨ "滤色"模式：同样 Photoshop 将自动检测红、绿、蓝三个通道的颜色信息,并将混合色的互补色与基色复合,结果色为较亮的颜色,用黑色过滤时颜色将保持不变。用白色过滤产生白色。

打开一幅图像,在图层面板中复制"背景"层得到"图层 1"层,并设置"图层 1"层的图层混合模式为"滤色",效果如图 8-54 所示。

⑩ "颜色减淡"模式：Photoshop 自动检测红、绿、蓝三个通道的颜色信息,并通过减小对比度使基色变亮以反映混合色。与黑色混合则不发生变化。

打开一张照片,新建"图层 1",填充为蓝色,设置填充蓝色的"图层 1"的混合模式为"颜色减淡",效果如图 8-55 所示。

⑪ "线性减淡"模式：Photoshop 自动检测红、绿、蓝三个通道的颜色信息,并通过增加亮度使基色变亮以反应混合色。"线性减淡"模式在提亮色彩的同时,还可以起到对画面进行渲染的作用。

打开一张照片,新建"图层 1",填充为暗红色,设置填充蓝色的"图层 1"的混合模式为"线性减淡",效果如图 8-56 所示。

图 8 - 51

(a)　　　　　　　　　　　　　　(b)

图 8 - 52

图 8 - 53

图 8 - 54

⑫ "浅色"模式:等同于"变亮"模式的结果色,比较混合色和基色的所有通道值的总和,并显示较亮的颜色。"浅色"模式不会生成第三种颜色,其结果色是混合色和基色当中明度较高的那层颜色,结果色不是基色就是混合色。浅色模式的常用性不高,缺乏色彩的互融,而且交

界处会产生硬边。在画面处理的特殊效果上可以起到一定的作用。

图 8 - 55

图 8 - 56

　　打开一张照片,新建"图层 1",填充为紫色,设置填充紫色的"图层 1"的混合模式为"浅色",效果如图 8 - 57 所示。

　　⑬ "叠加"模式:"叠加"模式是"正片叠底"和"滤色"的组合模式。Photoshop 自动检测红、绿、蓝三种通道的颜色信息,图层中的全部色彩信息都会被背景层颜色所代替,这可根据图

图 8－57

片层次不一而结果色也随之变化。"叠加"模式对于相同图像之间的互叠会产生直接效果,使得画面暗部越暗,亮部越亮,造成图像明暗对比的较大反差。

打开一幅图像,在图层面板中复制"背景"层得到"图层1"层,并设置"图层1"层的图层混合模式为"叠加",效果如图8－58所示。

图 8－58

⑭"柔光"模式:使颜色变暗或变亮,具体取决于混合色,此效果与发散聚光灯照在图像上相似。如果混合色(光源)比50％的灰色亮,则图像变亮,就像被减淡了一样。如果混合色(光源)比50％的灰色暗,则图像变暗,如同被加深了一样。用纯黑色或纯白色绘画会产生明显的较亮或较暗的区域,但不会产生纯黑色或纯白色。

打开一张照片,新建"图层1",填充为淡紫色,设置填充淡紫色的"图层1"的混合模式为"柔光",效果如图8－59所示。

图8－59

⑮"强光"模式:用来复合或过滤颜色,具体取决于混合色。此效果与耀眼色聚光灯照在图像上相似,如果混合色(光源)比50％的灰色亮,则图像变亮,如同过滤后的效果,这对于向图像添加高光非常有用。如果混合色(光源)比50％的灰色暗,则图像变暗,如同复合后的效果,这对于向图像添加阴影非常有用。用纯黑色或纯白色绘图时会产生纯黑色或纯白色。

打开一幅图像,在图层面板中复制"背景"层得到"图层1"层,并设置"图层1"层的图层混合模式为"强光",效果如图8－60所示。

⑯"亮光"模式:"亮光"模式就是通过增加或减少对比度来加深或减淡颜色,具体取决于混合色,如果混合色(光源)比50％的灰色亮,则减小对比度使图像变亮,如果混合色比50％的暗,则增加对比度使图像变暗。"亮光"模式对于相同图像之间的互叠会产生极大的对比反差,而色彩的覆盖随着其浓度和明暗而变化,会赋予图像清亮或焦灼与低沉的色调。

打开一幅图像,在图层面板中复制"背景"层得到"图层1"层,并设置"图层1"层的图层混合模式为"亮光",效果如图8－61所示。

图 8 - 60

图 8 - 61

⑰ "线性光"模式:线性光模式对于相同图像之间的互叠在中灰层次色调的大部分会被底色(背景色)代替,唯有亮部和暗部不会受到底色的太多影响,造成画面的色彩层次受到很大的影响,并不利于照片的改善效果。于是,该模式在实际的运用中并不常用,主要是得不到良好效果的实现。不过,它在图像色彩的铺垫上还是有用武之地的,只需稍为加工即可呈现别样色调。

打开一张照片,新建"图层 1",填充为淡红色,设置填充淡红色色的"图层 1"的混合模式为

"线性光",效果如图 8 - 62 所示。

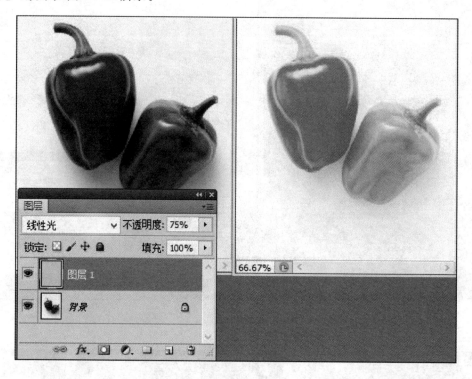

图 8 - 62

⑱"点光"模式:根据混合色替换颜色,如果混合色(光源)比 50% 的灰色亮,则替换比混合色暗的像素,如果混合色比 50% 的灰色暗,则替换比灰褐色暗的像素,而比混合色暗的像素则保持不变,这对于图像添加特殊效果非常有用。"点光"模式对于相同图像之间的互叠不产生直接效果,没有互融性,但是应用于色彩的重叠可得以直观而丰富的变调效果,只需稍加调整人物与背景的色彩对比,即可得到理想的图像色调。

打开一张照片,新建"图层 1",填充为淡红色,设置填充淡红色的"图层 1"的混合模式为"点光",效果如图 8 - 63 所示。

⑲"实色混合"模式:根据使用该图层的填充不透明度设置使下面的图层产生色调分离。设置填充不透明度高会产生极端的色调分离,而设置填充不透明度低则会产生较光滑的图层。如果图层的亮度接近 50% 的灰色,则下面的图像亮度不会改变。"实色混合"模式对于相同图像之间的互叠会产生与色彩混合一样如同版画的效果,如若不是有特殊的需要,基本不会用到该图层混合模式来体现画面图效。

打开一张照片,新建"图层 1",填充为绿色,设置填充绿色的"图层 1"的混合模式为"实色混合",效果如图 8 - 64 所示。

图 8 - 63

图 8 - 64

⑳ "差值"模式:差值模式会造成图像色彩的反相效果,如同底版胶版一般。

打开一张照片,新建"图层 1",填充为青色,设置填充青色的"图层 1"的混合模式为"差值",效果如图 8 - 65 所示。

㉑ "排除"模式:这种模式产生一种比差值模式更柔和、更明亮的效果,与白色灰色将产生反转基色值。与黑色混合则不发生变化,这种模式通常使用频率不是很高。

打开一张照片,新建"图层 1",填充为白色,设置填充白色的"图层 1"的混合模式为"排除",效果如图 8 - 66 所示。

㉒ "色相"模式:"色相"模式使用基色的亮度和饱和度以及混合色的色相创建结果色,这

图 8 – 65

图 8 – 66

种模式则查看活动图层所包含的基本颜色,并将其应用到下面图层的亮度和饱和度信息中,可以把色相看做纯粹的颜色。

打开一张照片,新建"图层 1",填充为绿色,设置填充绿色的"图层 1"的混合模式为"色相",效果如图 8 - 67 所示。

图 8 - 67

㉓ "饱和度"模式:"饱和度"模式用基色的亮度和色相以及混合色的饱和度创建结果色,在无饱和度为零的灰色上应用此模式不会产生任何变化。饱和度决定图像显示出多少色彩,如果没有饱和度就不存在任何颜色,只会留下灰色,饱和度越高区域内的颜色就越鲜艳,当所有的对象都饱和时,最终得到的几乎都是荧光色。

打开一张照片,新建"图层 1",填为绿色,设置填充绿色的"图层 1"的混合模式为"饱和度",效果如图 8 - 68 所示。

图 8 - 68

㉔ "颜色"模式:"颜色"模式用基色的亮度以及混合色的色相与饱和度创建结果色。这样可以保留图像中的灰阶,并且对于给单色图像上色和给彩色图像着色都非常有用。总体上来说,它将图像的颜色应用到了下面图像的亮度信息上。

打开一张照片,新建"图层 1",填充为淡紫色,设置填充淡紫色的"图层 1"的混合模式为

"颜色",效果如图 8-69 所示。

图 8-69

㉕ "明度"模式:"亮度"模式用基色的色相与饱和度以及混合色的亮度创建结果色。该模式与"颜色"模式是相反的效果,这种模式可将图像的亮度信息应用到下面的图像中的颜色上,它不能改变颜色,也不能改变颜色的饱和度,而只能改变下面图像的亮度。

打开一张照片,新建"图层 1",填充为淡蓝色,设置填充淡蓝色的"图层 1"的混合模式为"明度",效果如图 8-70 所示。

图 8-70

8.6　综合实例

8.6.1　实例 1——奥运五环

奥运五环操作步骤如下：

① 新建一个背景色为白色的 RGB 文件，如图 8-71 所示。

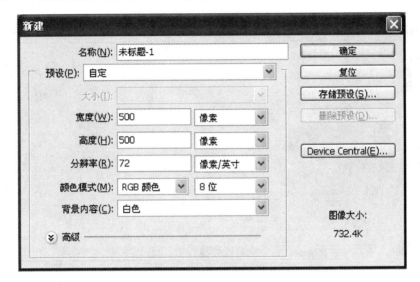

图 8-71

② 在图层调板单击 ▣，新建"图层 1"，效果如图 8-72 所示。

图 8-72

③ 选择工具箱中的椭圆选框工具,并在选框选项面版中设定样式为"固定大小",宽高均为 120 像素,效果如图 8-73 所示。

图 8-73

④ 单击鼠标左键即可圈选出一个固定大小的圆形选择区域,再使用油漆桶工具将之填充为蓝色,效果如图 8-74 所示。

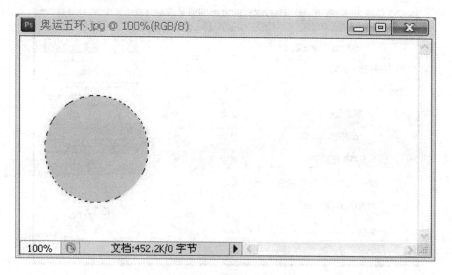

图 8-74

⑤ 单击选区工具,将鼠标移到选区内部;单击右键,在弹出的快捷菜单中选择"变换选区",效果如图 8-75 所示。

⑥ 在选项栏中按下"锁定长宽比"按钮,将宽度和高度调整为 80 %,效果如图 8-76 所示。按下回车确定。

⑦ 按下 Del 键,删除选区内的图像,然后取消选区,效果如图 8-77 所示。

⑧ 确认"图层 1"为当前编辑层,再同时按住 Ctrl 和 Alt 键并在画布中随意拖动四次,这时"图层 1"中的蓝色圆环被复制了四份并建立了四个副本图层,效果如图 8-78 所示。

⑨ 使用油漆桶工具依次将图层 1 的四个副本填充为黑、红、黄、绿,注意当填充时必须按下 Ctrl 键,单击该图层缩略图,将当前图层的选区载入,效果如图 8-79 所示。

⑩ 使用移动工具把各个图层中的圆环按照奥林匹克五环标志的形式摆放:第一行中的蓝、黑、红三环互不相交,但第二行中的黄、绿环却要分别和蓝、黑环以及黑、红环相交,效果如图 8-80 所示。

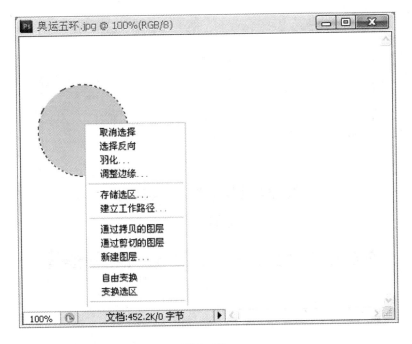

图 8－75

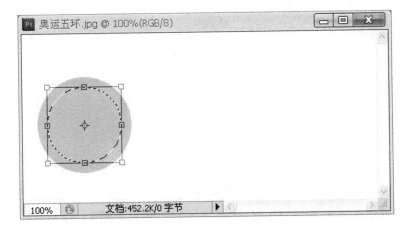

图 8－76

⑪ 按住 Ctrl 键并单击图层面版中"图层 1"，将蓝色圆环载入选择区域，效果如图 8－81 所示。

⑫ 按下 Ctrl＋Shift 和 Alt 键，单击黄色圆环图层缩略图，将会把蓝色和黄色圆环交集处创建成为选区，效果如图 8－82 所示。

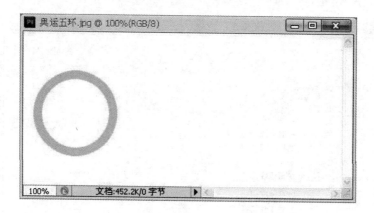

图 8 - 77

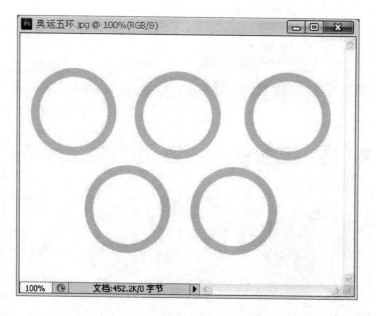

图 8 - 78

　　⑬ 选择椭圆选框工具,按下 Alt 键,减掉一个选区,效果如图 8 - 83 所示。

　　⑭ 回到黄色圆环所在的图层,按 DEL 键删除两个圆环重叠的地方,取消选区,效果如图 8 - 84 所示。

　　⑮ 重复步骤⑪～⑭,将其他圆环相交的地方也做同样处理,效果如图 8 - 85 所示。

　　⑯ 将五环所在的图层依次进行链接并"合并链接图层",之后将此图层命名为五环,效果如图 8 - 86 所示。

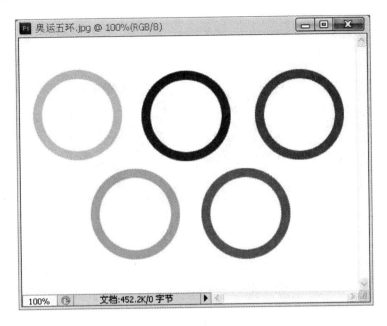

图 8 - 79

图 8 - 80

图 8 - 81

图 8 - 82

图 8 - 83

图 8 - 84

图 8 - 85

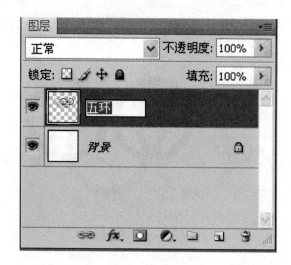

图 8 - 86

　⑰ 在图层面版中的"五环"图层中单击鼠标右键,应用弹出菜单中的"应用选项"命令,为五环加上阴影和浮雕效果,如图 8-87 和图 8-88 所示。

　⑱ 合并所有图层之后,奥林匹克五环标志就制作完成,效果如图 8-89 所示。

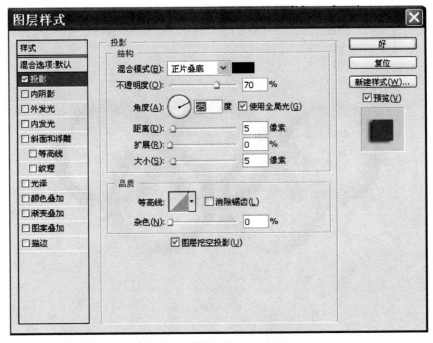

图 8 – 87

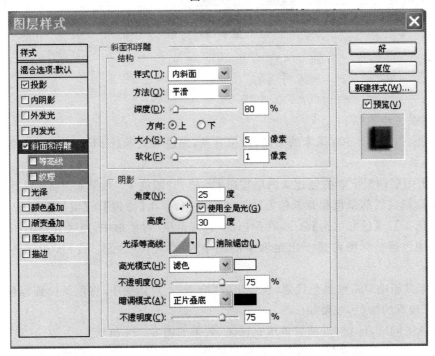

图 8 – 88

图 8 - 89

8.6.2 实例 2——玉手镯

玉手镯操作步骤如下：

① 新建一个 500×500 像素的文件，白色背景，颜色模式选择 RGB，其他参数默认即可，如图 8 - 90 所示。

② 单击图层调板下方的创建新图层按钮 *fx.*，得到"图层 1"，效果如图 8 - 91 所示。

② 按 D 键设置前景色和背景色为默认的黑白色，单击【滤镜】＞【渲染】＞【云彩】命令，接着再单击【选择】＞【色彩范围】命令，在弹出的"色彩范围"对话框中，用吸管点击一下图中的灰色，并调整颜色容差到图像显示出足够多的细节时，单击 ◉居中(E) 按钮，其效果如图 8 - 92 所示。

④ 在工具箱中单击前景色设置，在弹出的"拾色器"对话框中，将色条拉到绿色中间，用吸管单击一下较深的绿色，效果如图 8 - 93 所示。

⑤ 按 Alt＋Delete 键，以前景色填充选区，效果如图 8 - 94 所示。

⑥ 按 Ctrl＋D 取消选择。用鼠标从标尺处拉出参考线（注意：拉到近中间二分之一处时，

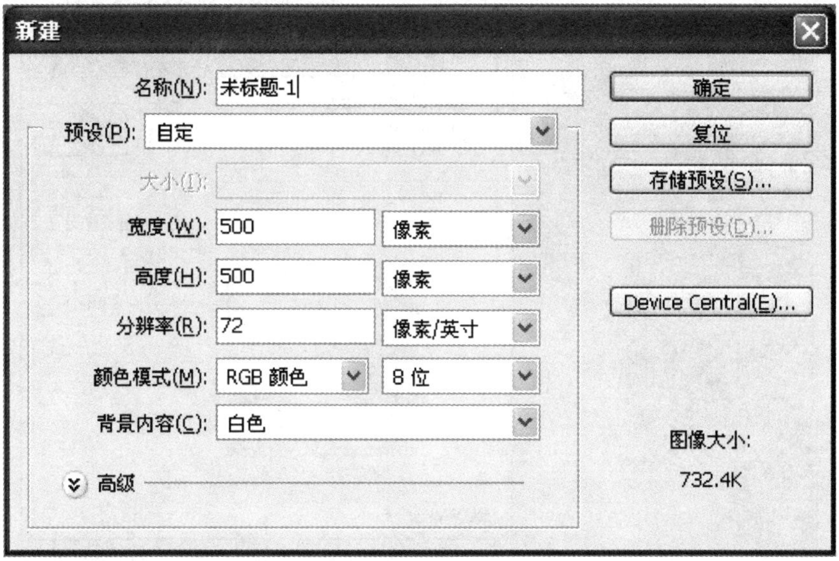

图 8－90

图 8－91

参考线会抖动一下,这时停下鼠标,即是水平或垂直的中心线)拉出相互垂直的两条参考线后和相互垂直的两条参考线后,图像的中心点就确定了,效果如图 8－95 所示。

⑦ 接下来选用椭圆选框工具,在图中绘制。用椭圆选框工具在中心点按住,再按 Shift ＋ Alt 键,然后拖动鼠标绘制一个以中心参考点为圆心的圆形选区,效果如图 8－96 所示。

⑧ 再次用椭圆选框工具,在工具属性栏上单击"从选区减去"按钮 ⊙ 边缘(G) ,以上次的方法绘出一个比较小些的圆形选框,最后得到提一个环形选区,效果如图 8－97 所示。

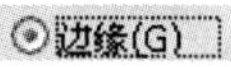

图 8 - 92

图 8 - 93

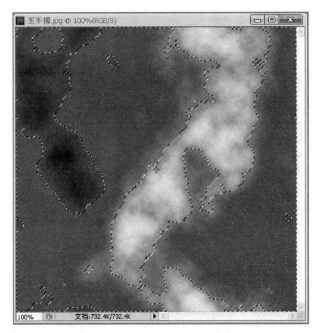

图 8 - 94

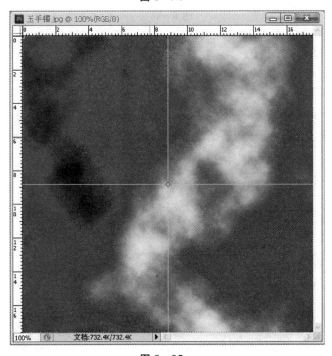

图 8 - 95

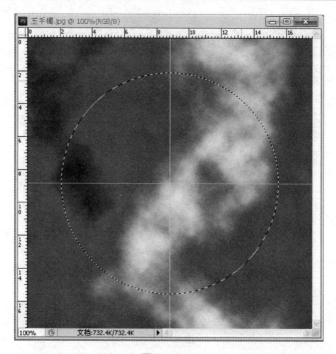

图 8－96

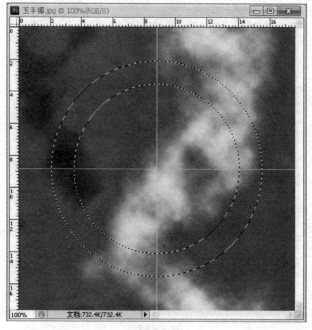

图 8－97

⑨ 按 Ctrl＋Shift＋I 键反选选区,再按 Del 键删除,得到如图 8-98 的效果。

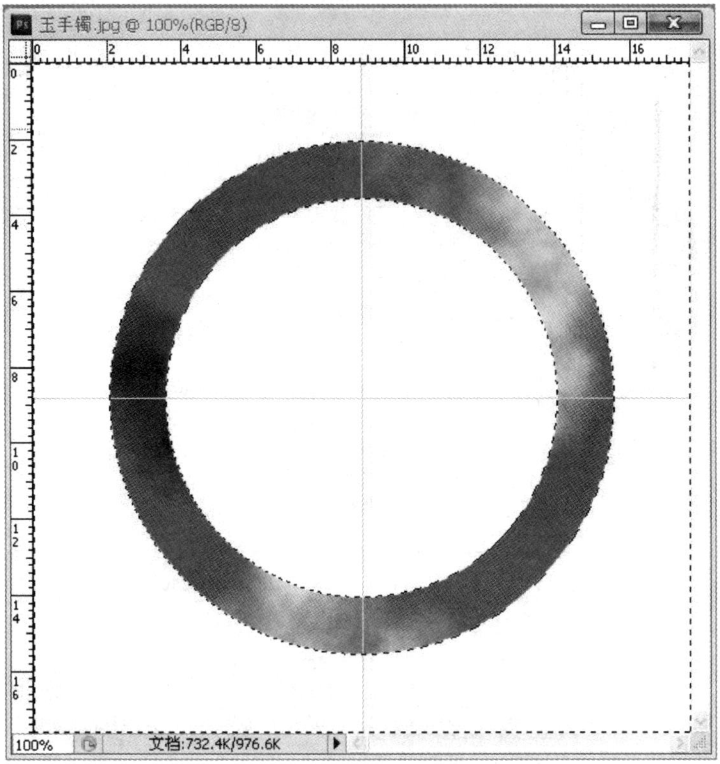

图 8-98

⑩ 双击"图层 1"缩略图,弹出"图层样式"对话框,选中"斜面与浮雕"命令,如图设置各个参数,所有参数不是定数,可以观察着图像反复调整,直到满意,效果如图 8-99 所示。

⑪ 接着选择"光泽"项,注意设置混合模式色块为绿色,距离和大小可观察图像调整到满意为止,效果如图 8-100 所示。

⑫ 设置投影选项,效果如图 8-101 所示。

⑬ 设置内发光,红圈处色块设置为绿色,效果如图 8-102 所示。

⑭ 设置完上述选项后,再次回到"斜面浮雕"命令,设置下方"阴影模式"的色块为绿色,效果如图 8-103 所示。

⑮ 设置完成后,单击 确定 按钮,清除参考线和选区,玉手镯即制作完成了,效果如图8-104 所示。

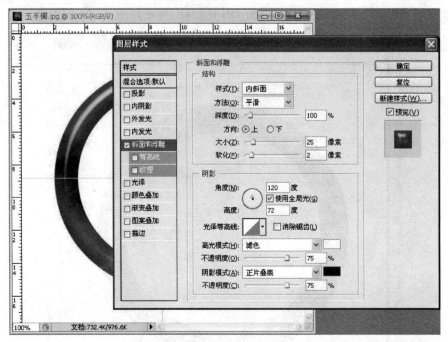

图 8 – 99

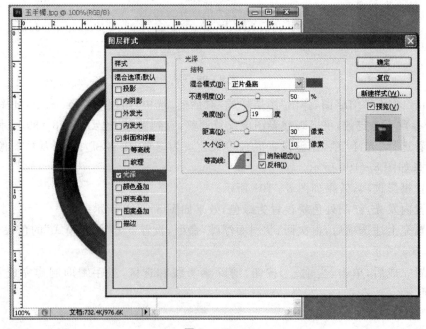

图 8 – 100

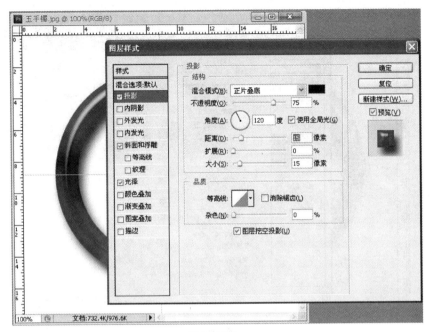

图 8 - 101

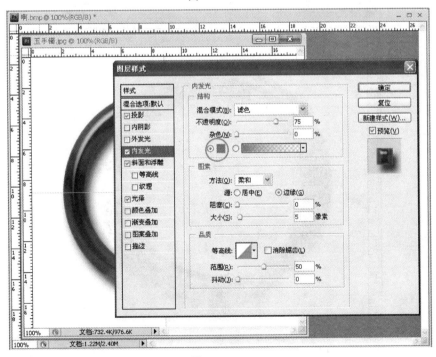

图 8 - 102

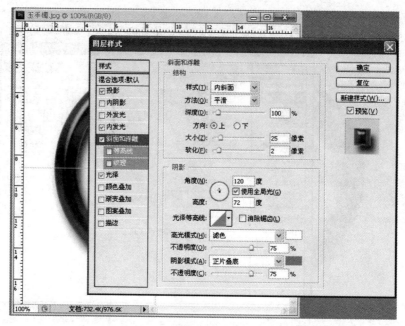

图 8 – 103

图 8 – 104

第9章 路 径

　　路径是由点、直线或者曲线组成的矢量线条,缩小或放大路径不会影响其分辨率和平滑度。路径上的锚点用于标记路径线段的端点。在曲线中,每个选择的锚点显示一个或两个方向,移动锚点改变路径中曲线的形状。路径允许是不封闭的开放状,如果把起点与终点重合绘制就可以得到封闭的路径。

　　利用路径工具,用户可绘制路径线条,由于这些路径线条非常容易调整,并可对其进行填充和描边,从而可以完成一些无法用基本绘图工具单独完成的工作。路径工具在需要手工绘制的图形中具有广泛的应用,是必不可少的工具。

　　路径其实就是在 Photoshp 中建立的形状,回忆一下前面章节讲到过形状工具组,在形状工具组中有矩形工具、圆角矩形工具、椭圆工具、多边形工具、直线工具、自定形状工具,这些工具可以根据使用的需要创建形状图层、路径图层或填充像素三种模式。但是自然界的形状多种多样千差万别,Photoshop 中的形状工具组不可能包含所有形状。此时就需要根据需要,去通过路径来创建需要的形状。

9.1　钢笔工具组

　　钢笔工具组(快捷键 P)就是用来创建路径调整修改路径的,它包含钢笔工具、自由钢笔工具、添加锚点工具、删除锚点工具、转换点工具共五种,如图 9-1 所示。

1. 钢笔工具

　　钢笔工具在钢笔工作组中是最为常用的,只要熟悉使用钢笔工具就可以描绘出需要的各种路径。当使用钢笔工具创建路径时会发现路径由锚点和线段组成,线段可以是直线段也可以是曲线段,路径可以是封闭的也可以是非封闭的,如图 9-2 和图 9-3 所示。

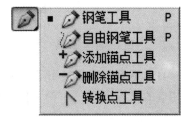

图 9-1

　　在使用钢笔工具时,确定起点后在确定第二点时单击鼠标左键即可建立两点间直线段,若要建立曲线段就需要在确定第二点时,单击鼠标左键不要松开,并移动鼠标即可看到随鼠标移动而形成不同曲度的曲线段(见图 9-4)。如果曲线段的曲度合适,按着 Alt 键单击锚点即可确定刚刚建立的曲线段(见图 9-5)。这时继续建立路径,不会对之前的路径产生影响。若没有按 Alt 键单击锚点确定曲线曲度,锚点就会有两个方向的方向线,继续建立曲线路径的话,路径会延续上一段曲线的方向。

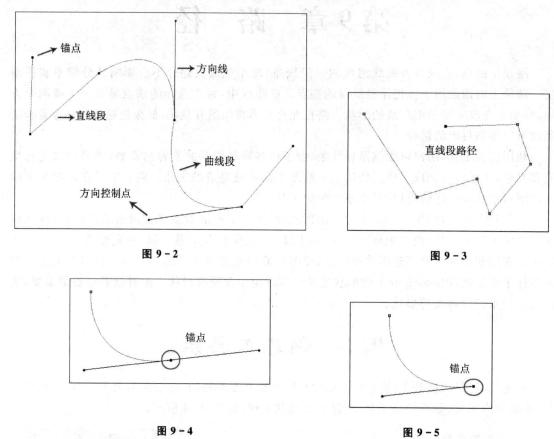

图 9 - 2   图 9 - 3

图 9 - 4   图 9 - 5

2. 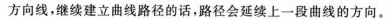自由钢笔工具

自由钢笔工具的使用类似画笔工具,单击鼠标左键并移动鼠标即可及时建立路径,并会建立相应的描点(见图 9 - 6)。路径可以是开放的也可以是封闭的。

3. 添加锚点工具

添加锚点工具,是用来对已建立的路径进行修改调整的,是用来对路径添加锚点的。其使用非常简单(见图 9 - 7),是一个以创建好的路径,对路径上想要添加锚点的部位进行单击即可在路径上添加锚点,如图 9 - 8 所示。

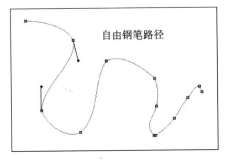
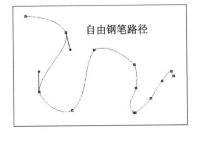

图 9 - 6   图 9 - 7

4. 删除锚点工具

删除锚点工具,也是用来对已建立的路径进行修改调整的,是用来对路径删除锚点的。它的使用和添加锚点工具相反(见图 9 - 9),是一个以创建好的路径,对路径上要删除锚点的部位进行单击即可在路径上删除掉相应的锚点,如图 9 - 10 所示。

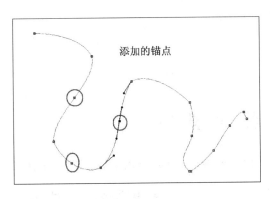
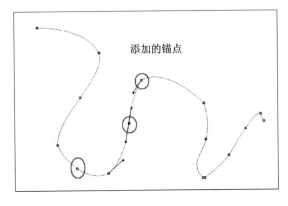

图 9 - 8   图 9 - 9

5. 转换点工具

转换点工具是通过单击锚点来改变锚点前一段路径属性的,简单讲就是将锚点所在曲线段转换为直线段。图 9 - 11 是由多条曲线段组成的路径,选取第二个锚点为转换点,用鼠标单击这个锚点发现锚点所在曲线段转换成直线段(见图 9 - 12)。同样选取第三个锚点单击发现锚点所在曲线段也转换成直线段(见图 9 - 13)。转换点工具只能将曲线段转换为直线段,而不能将直线段转换为曲线段。

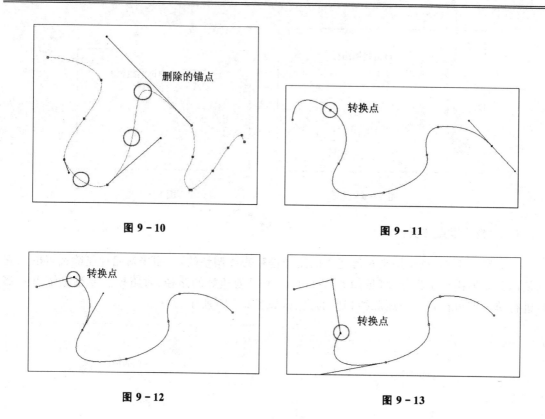

图 9 - 10　　　　　　　　　　　图 9 - 11

图 9 - 12　　　　　　　　　　　图 9 - 13

9.2　路径选择工具组

　　路径选择工具组(快捷键 A)是对所创建的路径进行修改调整的,可以对路径进行选择移动,也可选择路径上的锚点,移动锚点的方向控制点来改变路径的形态。路径选择工具组包含路径选择工具和直接选择工具两种,如图 9-14 所示。

图 9 - 14

1. 路径选择工具

　　路径选择工具是用来移动路径的。图 9-15 是一个创建好的路径,即在文件画面中的位置居左,使用路径选择工具单击路径并移动,整个路径会随着一起移动,如图 9-16 所示。

2. 直接选择工具

　　直接选择工具和路径选择工具不同,它是用来移动路径上锚点位置和移动锚点方向控制点来改变路径形态的。图 9-17 是一个创建好的路径,选取第二个锚点,用直接选择工具单击发现锚点显示出方向控制点(见图 9-18)。继续单击并拖动锚点,锚点就会随着移动,单击方向控制点,所对应的曲线段也会随着发生形态变化,如图 9-19 所示。

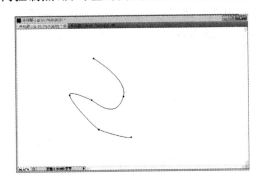

图 9-15 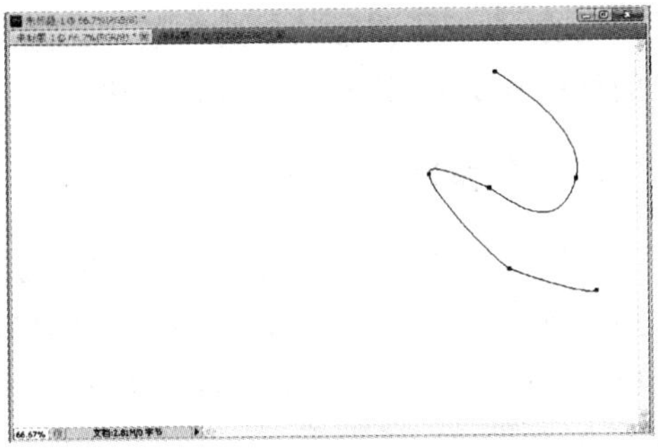　　　　　　　　　　　　　　　　　　　图 9-16

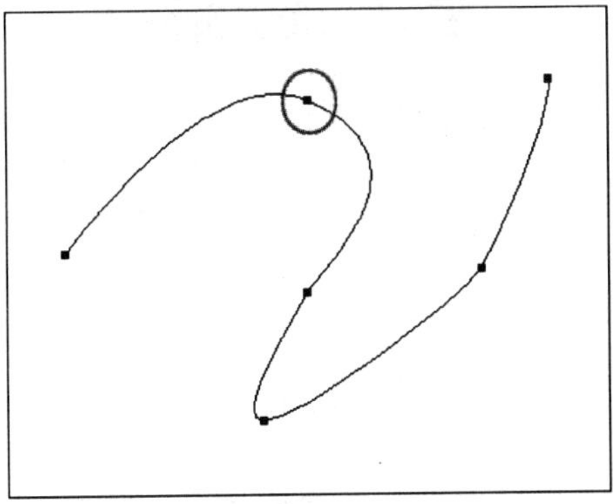

图 9-17

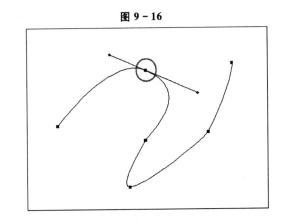

图 9-18

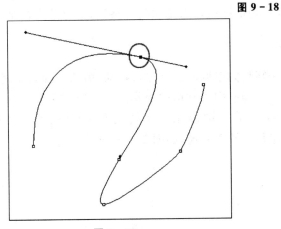

图 9-19

9.3 路径的使用

学会了路径的创建,那么路径有哪些作用如何使用呢? 路径在 Photoshop 中的使用是非常常见的,掌握了路径的创建和使用,操作 Photoshop 的能力就会有比较大的提升。其实,路径的使用基本就两种,一是进行描边,二是转换为选区。

1. 路径描边

路径描边的作用就是画笔沿着路径进行描边处理,首先创建一个路径(见图 9 - 20)。选择路径面板(见图 9 - 21),将当前工具设置为画笔工具(选择合适的画笔及前景色)单击路径面板最下面第二个按钮路径描边按钮(见图 9 - 21),所选择的画笔及前景色就会沿所创建路径描边,如图 9 - 22 所示。

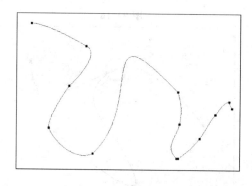

图 9 - 20   图 9 - 21

当然,进行路径描边的路径可以是非闭合路径,也可是闭合路径。

2. 路径转化选区

将所创建的路径转化为选取后就可进行移动、剪切、复制、填充、渐变等多种形式操作。路径转化为选区是 Photoshop 中最常用的操作之一。首先创建一个闭合路径(见图 9 - 23),路径创建好后按(Enter＋Ctrl)键,路径即可转化为选取(见图 9 - 24),这时再对选取进行填充或渐变填充就可在路径区域内实现,如图 9 - 25 所示。

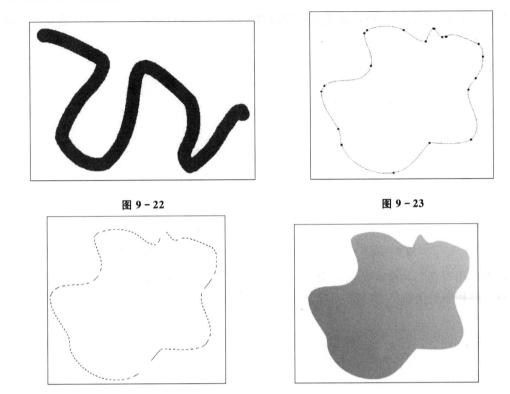

图 9 - 22

图 9 - 23

图 9 - 24

图 9 - 25

9.4 综合实例——路径树叶画

建立一个新 PSD 文件,设置背景色。在背景图层上新建一层来创建路径。使用钢笔工具来描出一枫叶轮廓(见图 9-26),注意描绘路径最后要使路径封闭,如图 9-27 所示。

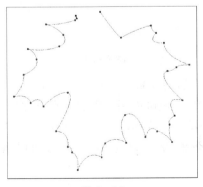

图 9 - 26

图 9 - 27

把封闭的路径转换为选区（路径转换选区快捷键 Ctrl＋Enter）（见图 9 - 28），并填充合适的前景色，如图 9 - 29 所示。

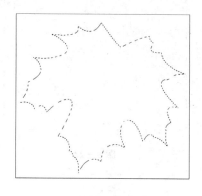

图 9 - 28

图 9 - 29

接着使用钢笔工具描绘叶筋的路径，叶筋较细注意描绘路径时不要重叠，如图 9 - 30 所示。最后同样要封闭路径，如图 9 - 31 所示。

图 9 - 30

图 9 - 31

将叶筋的路径转化为选区（见图 9 - 32），并填充合适的前景色，如图 9 - 33 所示。

锁定当前图层，选择合适前景色，使用渐变工具填充，使画面层次更加丰富（见图 9 - 34）。

使用同样的方法再制作两片其他外形的树叶，如图 9 - 35 和图 9 - 36 所示。

将每片树叶所在图层的图层属性都设置为正片叠底，最后调整树叶大小方向得到最后效果，如图 9 - 37 所示。

图 9 – 32

图 9 – 33

图 9 – 34

图 9 – 35

技能点拨：多数人在使用 Photoshop 填充前景色的操作多是选择（菜单—编辑—填充）或是按 Shift＋F5 生成填充面板来填充颜色。但是将前景色背景色设置好后，直接按 Alt＋Delete 填充当前前景色，按 Ctrl＋Delete 填充当前背景色，操作更加快捷。

图 9 - 36   图 9 - 37

第10章 图像色彩调整

Photoshop 最神奇的功能在于对色彩的调整和创造,正因为这个原因,使它成为当今图像处理软件的霸主,尝试一下,就会发现 Photoshop 的色彩调整能力让你吃惊。无论是黑白照片转换为彩色照片还是艳丽的照片变成抽象艺术美丽的版画,这一切都要归功于 Photoshop 有一套完整的色彩调整工具,如图 10-1 所示。Photoshop 的色彩调整工具都集中在【图像】>【调整】菜单下,本章的学习中你将充分体会到 Photoshop 魔术般的色彩调节能力给你创作所带来的乐趣。

图 10-1

10.1 色彩理论基础

人们眼睛看到的各种色彩现象,都具有色相、明度、纯度三种属性。对色彩三要素的理解和掌握,是认识色彩的基础,只有熟悉色彩三要素的特征,认真地感受它们在不同量和秩序中所展示的面貌,才有可能掌握色彩的规律并将其应用于日常的创作中。

在油彩系列中,我们能够区分出红、橙、黄、绿、蓝、紫不同特征的色彩,这些色彩特征是由不同波长决定的。人们用不同的名称定义这些不同感觉的面貌来,当称呼到某一种颜色的名称时,如"红色",人们的头脑中就会想像出这种颜色的面貌来,这就是色相的概念。

任何一种颜色都有自己的明暗特征。从光谱色上可以看到最明亮的颜色是黄色,出于光谱的中心位置。最暗的色是紫色,出于光谱的边缘。一个物体表面的光反射率越大,对视觉感受的程度就越大,看上去就越亮,这一颜色的明度就越高,所以明度是表示颜色的明暗特征。由于明度不等,不同颜色对视觉刺激的程度也不一样,所以明度涉及色彩"量"方面的特征。色相由于纯度脱离了明度是无法显现的。

纯度指的是颜色的纯净程度。同一种色相,有时看上去是鲜艳,有时看上去不是很鲜艳。不同色相不仅明度不同,纯度也不相同。红色是纯度最高的色相,蓝绿是纯度最低的色相。在观察中最纯的红色比最纯的蓝绿色看上去更加鲜艳。在日常的视觉范围中眼睛看到的色彩绝大部分是含灰色,也就是不饱和的颜色,正因为有了纯度上的变化,才使世界上有如此丰富的色彩。

图 10 - 2 表示了 24 色色环图。

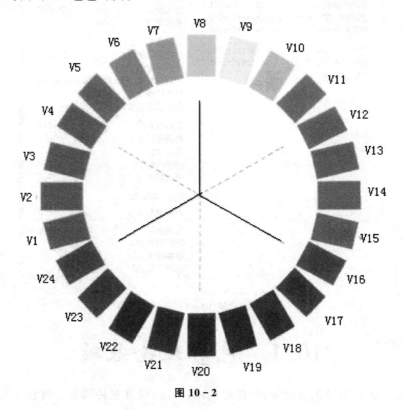

图 10 - 2

10.2　图像明暗的调整

10.2.1　色阶调节

色阶是根据图像中每个亮度值(0~255)处的像素点的多少进行区分的。单击【图像】菜单>【调整】>【色阶】,将弹出如图 10-3 所示色阶调整面板。右面的白色三角滑块控制图像的深色部分,左面的黑色三角滑块控制图像的浅色部分,中间那个灰色三角滑块则控制图像的中间色。移动滑块可以使通道中(被选择的通道)最暗和最亮的像素分别转变为黑色和白色,以调整图像的色调范围,因此可以利用它调整图像的对比度:左边的黑色三角滑块向右移,图像颜色变深,对比变弱(右边的白色滑块向左移,图像颜色变浅,对比也会变弱)。两个滑块各自处于色阶图两端则表示高光和暗部。至于中间的灰色三角滑块,来衡量图像中间调的对比度。将灰色三角滑块向右移动,可以使中间调变暗,向左移动可使中间调变亮。

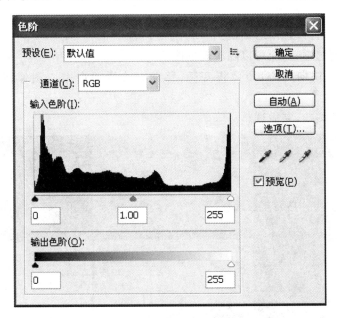

图 10-3

预设值中有对色阶几种模式的固定调整,如图 10-4 所示。通道下拉列表中的各个选项,如图 10-5 所示,可以对复合通道或者单色通道进行分别调整。

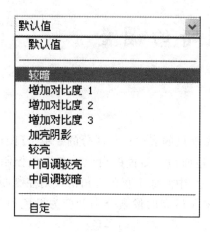

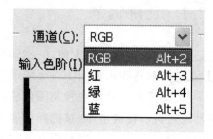

图 10 – 4　　　　　　　　　　　　　　　图 10 – 5

　　输出色阶可以用数值控制，也可以用滑块控制，它有两个滑块：一个是黑色，一个是白色。黑色三角滑块控制图像暗部的对比度，白色三角滑块控制图像亮部的对比度。下面通过一个例子说明一下：

　　① 选择一幅图，打开色阶对话框。

　　② 单击预览复选框，从而可以随时看到图像的变化。

　　③ 移动左边滑块向中心，图像将变亮，移动右边滑块向中心图像将变暗，如图 10 – 6 所示。

　　④ 单击"确定"按钮，完成调整。

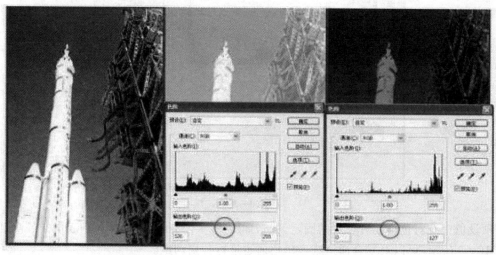

图 10 – 6

10.2.2　曲线调节

　　【曲线】调整的对话框如图 10-7(a)所示,其中通道下拉列表选项栏和色阶相同,可以通过这里对通道进行选择,使用方法也同色阶一样。当打开曲线色彩调整对话框时,曲线图中的曲线处于默认的"直线"状态。曲线图有水平轴和垂直轴,水平轴表示图像原来的亮度值,相当于色阶中的输入项;垂直轴表示新的亮度值,相当于色阶对话框中的输出项。预设值中有对曲线几种模式的固定调整,如图 10-7(b)所示。

　　水平轴和垂直轴之间的关系可以通过调节对角线(曲线)来控制。

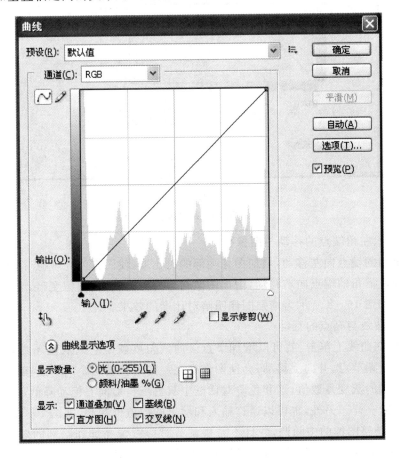

(a)

图 10-7

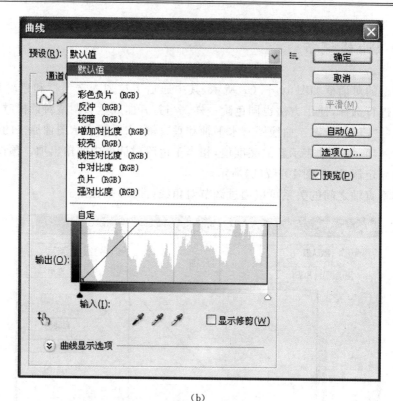

(b)

图 10 - 7　（续）

（1）曲线右、左角端点的移动与图像亮度

曲线右上角的端点向左移动，增加图像亮部的对比度，使图像变亮，端点向下移动，所得结果相反。曲线左下角的端点向右移动，增加图像暗部的对比度，使图像变暗，端点向上移动，所得结果相反。如图 10 - 8 所示为增强图像明暗对比度的效果。

（2）鼠标、曲线与亮点的互动

① 用鼠标在曲线上单击，就可以增加节点。曲线斜度就是它的灰度系数，如果在曲线的中点处添加一个调节点，并向上移动，会使图像变亮。向下移动这个调节点，就会使图像变暗，实际是调整曲线的灰度系数值，这和色阶对话框中灰色三角形向右拖动降低灰度色阶，向左拖动提高灰度色阶一样。另外，也可以通过输入和输出的数值框控制，如图 10 - 9 所示。

② 如果想调整图像的中间调，并且不希望调节时影图像亮部和暗部的效果，就得先用鼠标在曲线的 1/4 和 3/4 处增加调节点，然后对中间调进行调整。

（3）色调的调整通过绘制曲线完成的方法

① 选中曲线图表右下方的铅笔选项，在曲线图表中任意拖动鼠标，就能画出一条随意的曲线来。当鼠标移动到曲线图表中时会变成一个铅笔图标，按下 Shift 键，同时在图表中单

击,则线条被强制约束成一条直线,如图 10 - 10 所示。

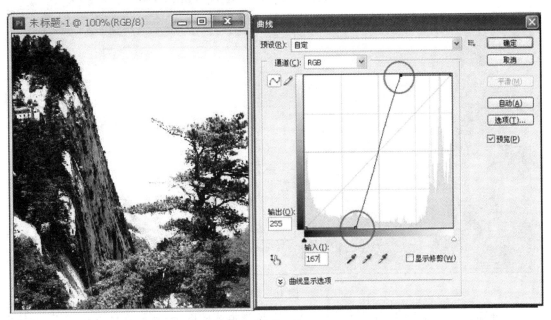

图 10 - 8

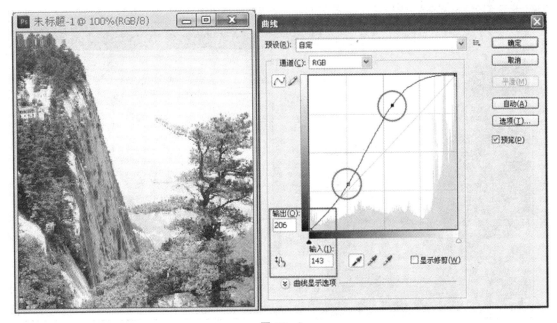

图 10 - 9

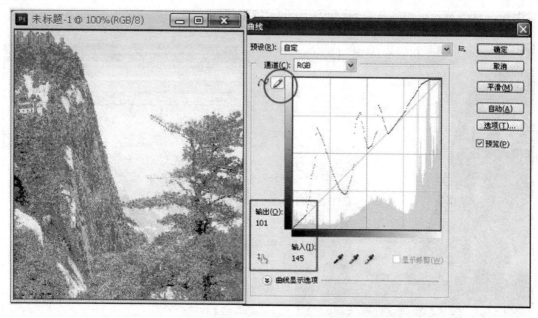

图 10-10

② 分别打开一幅 RGB 色彩模式和 CMYK 色彩模式的图像,比较在两种模式下,曲线对话框的区别如图 10-11、图 10-12 所示。

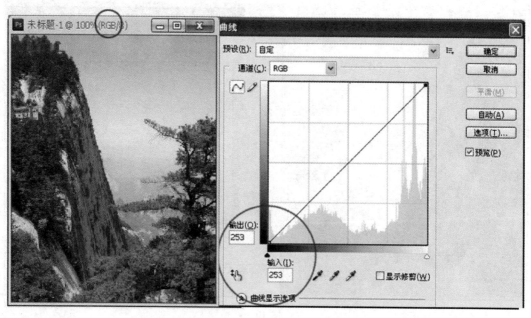

图 10-11

在图 10－11 中的 RGB 色彩模式下,曲线显示的亮度值范围在 0～255 之间,左面代表图像的暗部(最左边值为 0,即黑色),右面代表图像的亮部(最右边值为 255),即白色。曲线后面的方格相当于坐标,每个方格代表 64 个像素。

在图 10－12 中的 CMYK 模式下,"曲线"范围为 0 ％～100 ％(百分数),曲线左边代表图像的亮部(最左边数值为 0),曲线右边代表图像的暗部(最右边数值为 100 ％),每个方格为 25 ％。

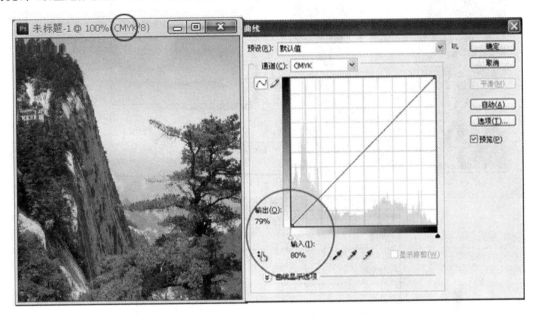

图 10－12

③ 在曲线上单击鼠标,会增加一个调节点(最多可增加到 14 个调节点)。拖动调节点,就可以调节图像的色彩了。将一个调节点拖出图表或选择一个调节点后按 Delete 键就可以删除调节点。用鼠标拖动曲线的端点或调节点,直到图像效果满意为止。

④ 单击确定完成,如图 10－13 所示。

10.2.3　亮度/对比度调节

【亮度/对比度】命令和前面几个命令一样,主要用作调节图像的亮度和对比度。调节电视的亮度、对比度,就可以利用这个选项来调节图像,利用它可以对图像的色调范围进行调节,一般获取图像(扫描图像)后,图像如比较灰暗,可以用到【亮度/对比度】命令,如图 10－14 所示。

拖动对话框中三角形滑块就可以调整亮度和对比度:向左拖动时,图像亮度和对比度降低;向右拖动时,则亮度和对比度增加。每个滑块的数值显示有亮度或对比度的值,范围为0～100,调整至合适后,单击确定完成,如图 10－15 所示。

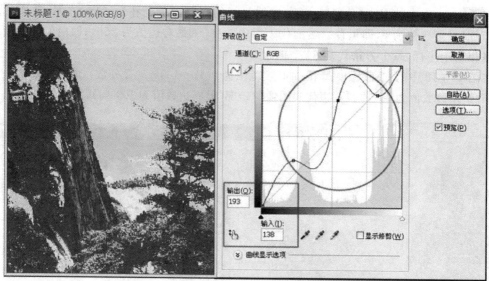

图 10 – 13

图 10 – 14

图 10 – 15

10.3　图像色彩调整

10.3.1　色相/饱和度调节

【色相/饱和度】命令可以调整图像中单个颜色成分的色相、饱和度和亮度,是一个功能非常强大的图像颜色调整工具。它改变的不仅是色相和饱和度,还可以改变图像亮度。

【色相/饱和度】的对话框如图 10-16 所示。对话框的底端显示出两个颜色条,它们代表颜色在色条的位置。上面的颜色条显示调整前的颜色,下面的颜色条显示调整后影响所有色相。

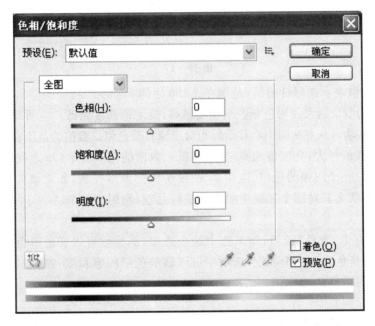

图 10-16

在编辑选项栏菜单中选择调整的颜色范围,默认选择为"全图"时可调整所有颜色,如选择其他范围则针对单个颜色进行修改。如果选择其他颜色范围,对话框底端的两条颜色条之间会出现一个调整范围,可以用这个调整范围来编辑色彩。确定好调整范围之后,就可以利用三角形滑块调整对话框中的色相、饱和度和亮度数值,这时图像中的色彩就会随滑块的移动而变化,如图 10-17 所示。

色相栏中的数据框所显示的数值反映颜色条中从图像原来的颜色旋转后的度数。正值表

示顺时针旋转,负值表示逆时针旋转,范围在±180 之间。

饱和度栏中的数值越大说明色彩的饱和度越高,反之饱和度越低。它所反映的颜色从颜色条中心处向左右移动或从左右向中心移动后相对应原有颜色值。数值的范围在±100 之间。

亮度栏中的数值越大,亮度值越高,反之越低。数值的范围在±100 之间。

上述操作是对整个图像的色相、饱和度、明度所做的调整控制,如果事先选择了图像的局部区域,在操作中就会只对这个区域中的图像进行处理,利用这一切功能可以调整出具有特殊效果的图像。

在对话框中有个"着色"选项,如果选中这个选项,图像就可以变成单色调节功能,在"色相"选项中可以选择色彩,在"饱和度"选项中可以调节色彩的饱和度,在"明度"选项中可以调节图像中色彩的明暗程度,如图 10-18 所示。

10.3.2　色彩平衡调节

【色彩平衡】的对话框如图 10-19 所示。它能进行一般性的色彩校正,可以改变图像颜色的构成,但不能精确控制单个颜色成分(单色通道),只能作用于复合颜色通道。

首先要在色调平衡范围选项栏中选择想要重新进行更改的色调范围,其中包括:暗调区或,中间调区域,高光区域。选项栏下边的保持亮度选项可保持图像中的色调平衡。通常,调整 RGB 色彩模式的图像时,为了保持图像的亮度值,都要将此选项选中。

对话框的主要部分是色彩平衡,通过在这里的数值框输入数值或移动三角滑块实现。三

图 10 - 18

图 10 - 19

角形滑块移向需要增加的颜色,或是拖离想要减少的颜色,就可以改变图像中的颜色组成(增加滑块接近的颜色,减少远离的颜色),与此同时,颜色条旁边的三个数据框中的数值会不断变化(出现相应数值,三个数值框分别表示 R、G、B 通道的颜色变化,如果是 Lab 色彩模式下,这三个值代表 A 和 B 通道的颜色)。将色彩调整到满意,按确定就行了。

例如旧照片效果:打开一张 RGB 色彩模式的图片,选择图像【菜单】>【模式】>【灰度】命令,将图像中的色彩信息去掉,再选择图像【菜单】>【模式】>【RGB】模式,将灰度模式的图像再转换为 RGB 模式的文件,然后通过色彩平衡命令,对图像进行调节,如图 10 - 20 所示。

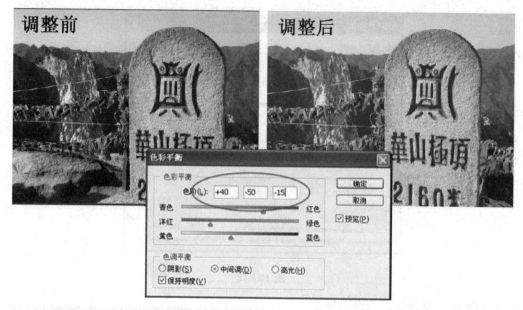

图 10 - 20

10.3.3　替换颜色调节

【替换颜色】命令的作用是替换图像中的某个区域的颜色,在图像中基于某种特定的颜色来创建临时的蒙版,用来调整图像的色相、饱和度和明度值,如图 10 - 21 所示。

打开【替换颜色】对话框后,选择对话框中的"选区"选项,此时的预览框呈黑白色显示,运用对话框中的三只吸管单击图像,能得到蒙版所表现的选取区:蒙版区为黑色,非蒙版区域为白色,灰色区域为不同程度的选区。

选区选项的具体用法是:先设定颜色容差值,数值越大,可被替换颜色的图像区域越大,然后使用对话框中的吸管工具在图像中选取需要替换的颜色。用"十号"吸管工具边续取色表示增加选取区域,"一号"吸管工具边续取色表示减少选取区域,也可以直接按住 Shift 键增加或 Alt 键减少。

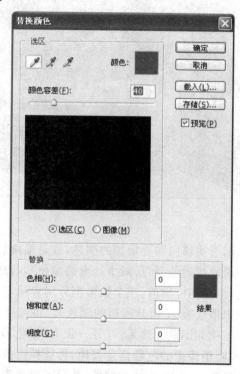

图 10 - 21

设定好需要替换的颜色区域后,在变换栏中移动三角形滑块对色相、饱和度和亮度进行替换,最后确定完成。

下面举个例子来说明一下替换颜色的使用,即把图像中的蓝天的色彩进行变化,如图 10 - 22 所示。

图 10 - 22

选择【图像】>【调整】>【替换颜色】命令。设置选区的容差值为 120,用吸管选项在预览框中选择蓝天的区域,并在变化命令中调节图像的色相、饱和度和明度等。这时可以看如图像中蓝天部分已经发生了变化。调整好以后,单击确定,完成操作,如图 10 - 23 所示。

10.3.4　反相、色调均化、阈值、色调分离调节

1. 反相调节

【反相】调节命令能对图像进行反相处理,就像摄影胶片的负片一样,运用这个命令可以将图像转化为负片,或将负片转换为图像。反转命令没有对话框,执行时,通道中每个像素的亮度值会被直接转换为颜色刻度上的相反值,其他的中间像素值取其对应值,如图 10 - 24 所示。

图 10 - 23

图 10 - 24

2. 色调均化调节

【色调均化】命令能重新分配图像中各像素的亮度值,最暗值为黑色(或尽可以相近的颜色),最亮值为白色,中间像素则均匀分布。如果在图像中选择一个区域,执行这个命令时,会调出色调均化对话框,如图 10 - 25 所示。

图 10 - 25

在对话框内,如果选择色调均化选择区域选项,则命令只作用于所选区域。如果选择整个图像基于选择区域化选项,则参照选区中的像素情况均匀分布图像中的所有像素。

3. 阈值调节

【阈值】命令能把彩色或灰阶图像转换为高对比度的黑白图像。可以指定一定色阶作为阈值,然后执行命令,于是比指定阈值亮的像素会转换为白色,比指定阈值暗的像素会转换为黑色。

阈值对话框如图 10 - 26 所示。该对话框中的直方图显示当前选区中像素亮度级。拖动直方图下的三角形滑块到适当位置,也可以在顶部数据框中输入数值,单击确定完成,如图 10 - 27 所示。

4. 色调分离调节

【色调分离】命令是把相近色彩进行归纳整理,加强色彩的对比度,很像套色版画的效果。

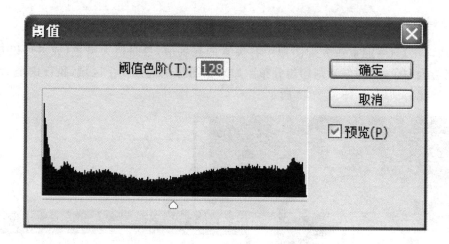

图 10 - 26

图 10 - 27

  色调分离命令对话框如图 10 - 28 所示,该对话框中可输入色阶数值,数值越小,分离效果越明显,反之效果不明显。设置完数值后单击确定完成,效果对比如图 10 - 29 所示。

10.3.5 变化色彩调节

  在进行调整时,效果最显著的变化就是直接比较图像调整前后的差异。Photoshop 中,执行这种操作的命令就是【变化】,这是颜色调整菜单中的最后一项。变化实际上是由几个图像

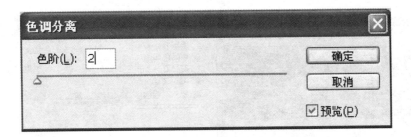

图 10 - 28

图 10 - 29

调整工具组合而成的一个容易使用的命令。可以用该命令调节图像的色相和亮度,通过缩略图来观察对比效果,然后用鼠标单击最满意的某个缩略图,如图 10 - 30 所示。

　　对话框右上角的选项分别为暗调、中间调、高光和饱和度,对它们分别进行调整,然后移动精细和粗糙之间的三角滑块以确定每次调整的数量(滑块移动一格,调整的数量则双倍增加)。

　　对话框顶端的两个缩略图分别为原图像和调整效果的预视图。右侧的缩略图是用来调整图像亮度的,鼠标单击其中一个缩略图,所有缩略图就会随之改变。中间的缩略图是反映当前的调整状况的。下面各图分别代表增加某色后的情况,如果要在图像中增加颜色,只需单击相应的颜色缩略图就可以了。如果要从图像中减去颜色,单击其他颜色缩略图,其他的色彩增加,原子核色彩就会减少了。

　　如果在调整的过程中觉得颜色调整有问题,要返回原始图像时,可以按住【Alt】键的同时在对话框中的原始图像上单击鼠标左键,便可将图像返回到原始图像。

　　Photoshop CS5 中还有很多其他的色彩调整命令,比如【照片滤镜】、【曝光度】、【阴影/高光】等,掌握起来比较容易,只要遵循色彩艺术规律,就能使图像的色彩和色调更为完善。

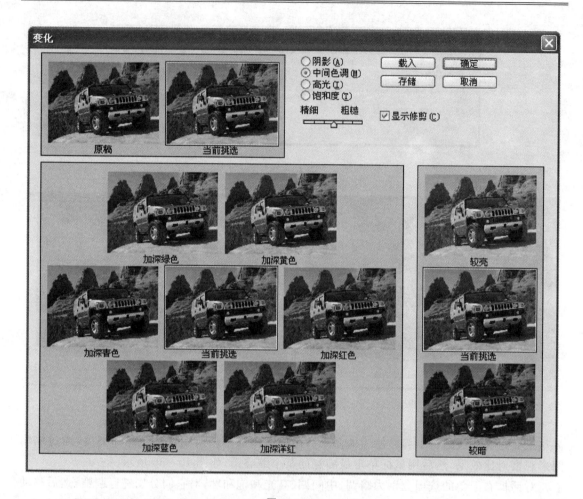

图 10 - 30

10.4　综合实例——调整偏色的照片

调整偏色照片的步骤如下：

① 首先用 Photoshop 打开如图 10 - 31 所示原始偏色图片，鼠标单击【图层】>【新建调整图层】>【照片滤镜】为图片添加一个"照片滤镜"调整图层。参照【照片滤镜】调整其参数，单击确定钮，出现如图 10 - 32 所示效果。

② 按键盘【Ctrl】+【E】命令将调整图层拼合，然后选择多边形套索工具参照图 10 - 33 的参数，把猫的五官部分选择出来。

图 10-31

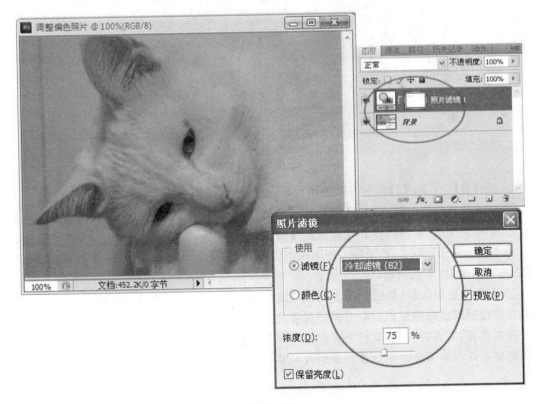

图 10-32

图 10 - 33

③ 按键盘【Ctrl】+【J】命令将选区作为新图层建立,如图 10 - 34 所示。

④ 对背景图层进行【图像】>【调整】>【色阶】命令调整,数值参照图 10 - 35 中色阶面板。

⑤ 对背景图层进行【图像】>【调整】>【曲线】命令调整,数值参照图 10 - 36 中色阶面板。

⑥ 如图 10 - 37 所示,将图层 1 的图层混合模式改为【柔光】,并对其进行【图像】>【调整】>【色相饱和度】命令的调整。

⑦ 选择橡皮擦工具,如图 10 - 38 所示,选用合适笔触及不透明度,将图层 1 猫五官多余的部分进行擦除。修整好以后合并图层保存文件即可,校正后的照片如图 10 - 39 所示。

技能点拨:在此例中,调整色彩时直接使用的是【图像】>【调整】命令下的各子命令,但实际调色使用到色彩调整命令时最好是创建调整图层,以方便后续随时修改。

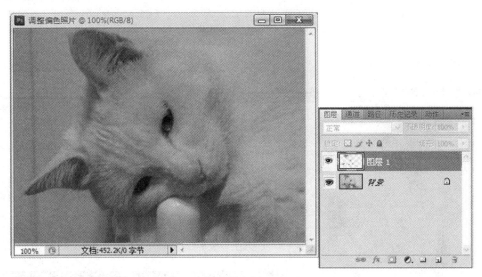

图 10－34

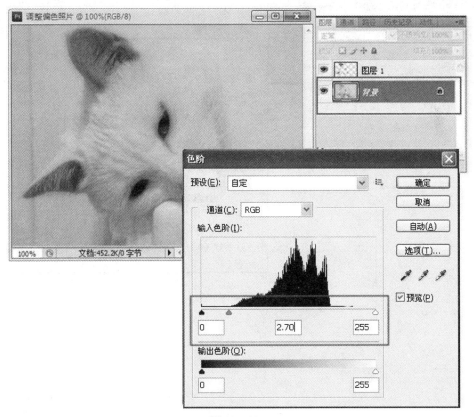

图 10－35

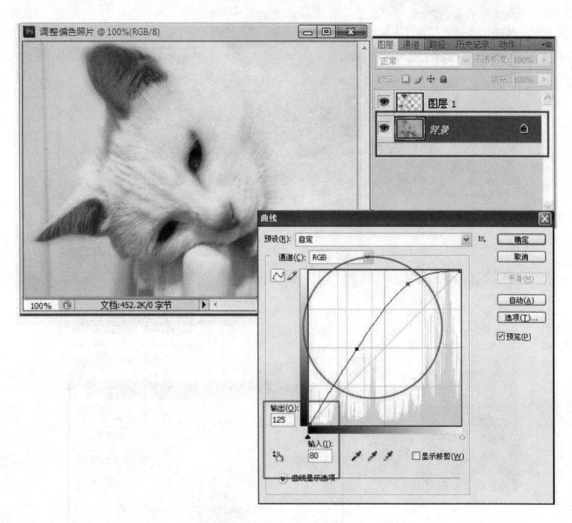

图 10 - 36

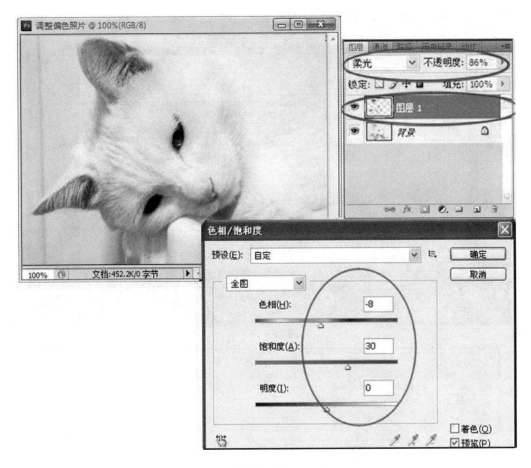

图 10 – 37

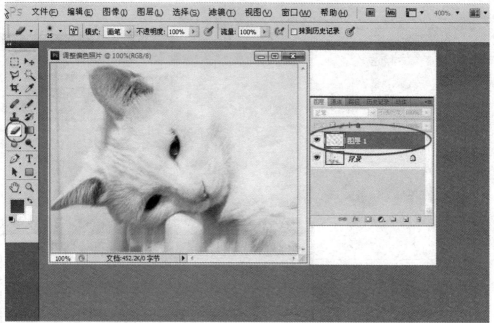

图 10 - 38

图 10 - 39　校正后的照片

第11章 文字工具

11.1 认识文字工具

文字有时被称为文本,因此文字工具有时也被称为文本工具。文本工具共有 4 个,分别是横排文字T、直排文字T、横排文字蒙版T、直排文字蒙版T,如图 11-1 所示。

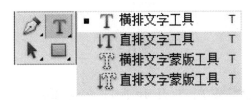

图 11-1

11.1.1 横排文字工具和直排文字工具

① 选择横排文字工具后,在画面中单击,出现输入光标后即可输入文字,【回车键】可换行。如图 11-2(a)所示,若要结束输入可按【回车键】或单击选项栏的提交按钮。Photoshop 将文字以独立图层的形式存放,输入文字后将会自动建立一个文字图层,图层名称就是文字的内容。文字图层具有和普通图层一样的性质,如图层混合模式、不透明度等,也可以使用图层样式,但默认时文字图层无法用画笔、橡皮擦、图章工具等进行编辑。横排文字工具输入的文字是从左向右排列。

② 直排文字工具的使用方法与横排文字是一样的,但使用直排文字工具输入的文字是从上往下排列的。

③ 如果要更改已输入文字的内容,在选择文字工具的前提下,将鼠标停留在文字上方,单击后即可进入文字编辑状态。编辑文字的方法和使用通常的文字编辑软件(如 Word)一样。可以在文字中拖动选择多个字符后修改这些选定字符的相关设定,如图 11-2(b)所示。

技能点拨:如果有多个文字层存在且在画面布局上较为接近,那就有可能单击编辑了其他的文字层。遇到这种情况,可先将其他文字层关闭(隐藏),被隐藏的文字图层是不能被编辑的。

图 11 - 2

11.1.2　横排文字蒙版工具和直排文字蒙版工具

文字蒙版工具和文字工具的使用方法一样。只是用文字蒙版工具在画布上单击后画布上会出现一层红的蒙版,输入文字后将创建出与文字形状相同的选区,而非文字实体,效果如图11-3所示。

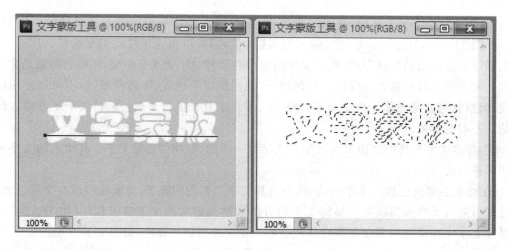

图 11 - 3

11.2　文字工具选项栏及字符调板

11.2.1　文字工具选项栏

文字工具的选项栏如图 11 - 4 所示。下面对其中内容逐一予以介绍。

图 11 - 4

① 排列方向决定文字以横向排列（即横排）还是以竖向排列（即直排）。使用时文字层不必处在编辑状态，只需要在图层调板中选择即可生效。即使将文字层处在编辑状态，并且只选择其中一些文字，但该选项还是将改变该层所有文字的方向。也就是说，这个选项不能针对个别字符。

② 在字体选项中可以选择使用何种字体，不同的字体有不同的风格。Photoshop 使用操作系统带有的字体，因此对操作系统字库的增减会影响 Photoshop 能够使用到的字体。需要注意的是如果选择英文字体，可能无法正确显示中文。因为输入中文时应使用中文字体。Windows 系统默认附带的中文字体有宋体、黑体、楷体等。可以为文字层中的单个字符制定字体。

③ 如果在字体列表中找不到中文字体的名称，可在 Photoshop 首选项的"文字"项目中，取消"以英文显示字体名称"选项，如图 11 - 5 红圈处。如果开启该选项，所有的字体都将以英文名称出现，另外可以选择在字体列表中是否出现阅览文字。

图 11 - 5

④ 字体形式有 4 种:标准、倾斜、加粗、加粗并倾斜。可以为同在一个文字层中的每个字符单独制定字体形式。并不是多有的字体都支持更改形式,大部分中文字体都不支持。不过即便如此,还是可以在以后通过字符调板来指定。

⑤ 字体大小也称为字号,列表中有常用的几种字号,也可通过手动自行设定字号。字号的单位有"像素"、"点"、"毫米",可在 Photoshop 首选项的"单位与标尺"项目中更改,如图 11-6 所示。作为网页设计来说,应该使用像素单位。如果是设计印刷品,则应该使用传统长度单位。

⑥ 抗锯齿选项控制字体边缘是否带有羽化现象。如若字号较大应开启该选项以得到光滑的边缘,致使文字较为柔和。但对于较小字号来说开启抗锯齿选项可能造成阅读困难的情况。与图 11-6 对比,这是因为较小的字本身的笔画就较细,在较细的部位羽化就容易丢失细节,此时关闭抗锯齿选项反而有利于清晰地显示文字,该选项只能针对文字层整体有效。

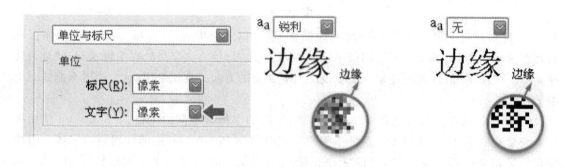

图 11-6

对齐方向可以让文字左对齐、中对齐或右对齐,这对于多行的文字内容尤为有用。如图 11-7 分别是左对齐,中对齐、底对齐文字排列方式。

www.blueidea.com	www.blueidea.com	www.blueidea.com
www.photoshopcn.com	www.photoshopcn.com	www.photoshopcn.com
www.twdesign.net	www.twdesign.net	www.twdesign.net
www.99ut.com	www.99ut.com	www.99ut.com
www.zhaopeng.net	www.zhaopeng.net	www.zhaopeng.net

图 11-7

⑦ 颜色选项就是改变文字的颜色,可以针对单个字符,如图 11-8(a)所示。如果设置了单独字符的颜色,那么当选择文字层时公共栏中的颜色缩略图将显示为?。在更改文字颜色时,如果单击颜色缩略图并通过拾色器来选取颜色,则效率很低。特别是要更改大量的独立字

符时非常麻烦。在选择文字后通过颜色调板【F6】来选取颜色则速度较快。如果某种颜色需要反复使用,可以将其添加到色板中(拾取前景色后,单击色板调板下方的新建按钮)。需要注意的是,字符处在被选择状态时,颜色将反相显示,如图 11 - 8 所示,在色板中指定为黄色后,在图像中却显示为蓝色。取消选择后颜色即可恢复正常。

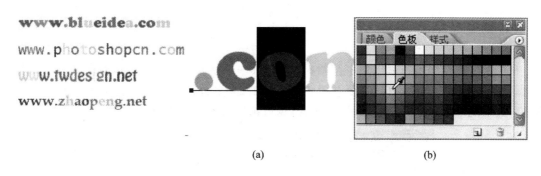

(a)   (b)

图 11 - 8

⑧ 变形功能可以令文字产生变形效果,如图 11 - 9 所示。可以选择变形的样式及设置相应的参数,变形效果如图(b)所示。需要注意的是其只能针对整个文字图层而不能单独针对某些文字。如果要制作多种文字变形混合效果,可以通过将文字分次输入到不同文字层,然后分别设定变形的方法来实现。

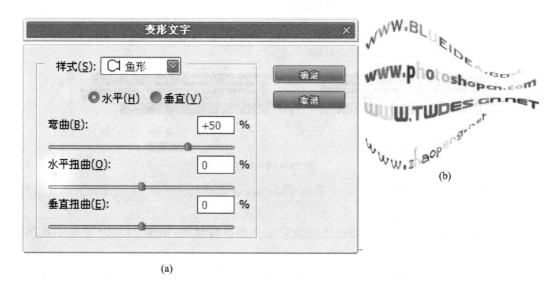

(a)

图 11 - 9

在以上各个选项中,有的功能只能针对整个图层,而有的功能可以针对某个字符。在普通图层中也会遇到此类问题,比如进行色彩调整,在没有选区的情况下调整效果针对整个图层有效,而在创建选区之后就只对选区内的部分有效。

文字图层是一种特殊的图层,不能通过传统的选取工具来选择某些文字,只能在编辑状态下,在文字中拖动鼠标去选择某些字符。如果选择多个字符的话,字符之间必须是连续相连的。

11.2.2　字符调板

在单击字符调板按钮后出现字符调板,如图 11 - 10 所示。在图中可以对文字设定更多的选项。在实际使用中很少直接在公共栏中更改选项,大多数都是通过字符调板完成对文字的调整。其中的字体、字体形式、字号、颜色、抗锯齿选项就不重复介绍了。

图 11 - 10

注意:图中的 为亚洲文本选项,需要在 Photoshop 首选项中开启"显示亚洲文本选项"才会出现。

① "拼写检查"选项是针对不同的语言设置连字和拼写规则,如图 11 - 10 显示了英国英语和美国英语对同样文字的不同连字方式。

注意:末尾连字只有在框式文本输入时才有效。框式文本是自动换行的,通过手动换行的文字是不会有连字效果的。

② "行间距"控制文字行之间的距离,若设为自动,间距将会跟随字号的改变而改变,若为固定的数值时则不会。因此如果手动制定了行间距,在更改字号后一般也要再次制定行间距。

如果间距设置过小可能造成行与行的重叠。如图 11－11 是自动行距与手动制定为 11 像素行距的比较,横向缩放相当于变胖和变瘦,数值小于 100％为缩小,大于 100％为放大。如图 11－11 中 3 个字分别为标准、竖向 50％、横向 50％的效果。

图 11－11

在字符调板中有比例间距和字符间距,它们的作用都是更改字符与字符之间的距离,但在原理和效果上却不相同。如图 11－12 左端所示,整个文字的宽度是由字符本身的字宽与字符之间的距离构成的。这两者都是在制作字体时就定义好的。字宽与字距间的比例将随着字号的大小相应改变,对于同一个字体来说,字号越大,字符之间的距离也越大,反之亦然。

③ "字符间距"选项 的作用相当于对多有字距增加或减少一个相同的数量。可手动输入数值以增加或减小字距。如图 11－12 中将字符间距减去 100,所有的字符间距都减去 100,字符就互相靠拢了。但是这样做并没有改变疏密不同的情况,尽管 mp 已经是互相紧密着密不透风,但 pl 还是有很大的距离。当然,如果继续减少字符间距也可以最终令 pl 之间也"密

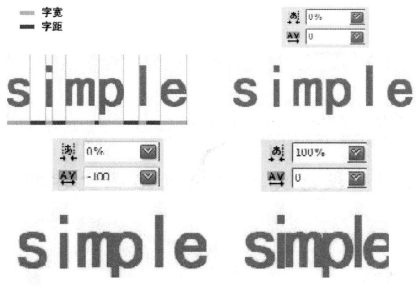

图 11－12

不透风"(设为−300 左右),但 mp 之间却会产生重叠的效果了。

"间距微调"选项是用来调整两个字符之间的距离,使用方法与字符间距选项相同。但其只能针对某两个字符之间的距离有效。因此只有当文本输入光标置于字符之间时,这个选项才能使用。

④"竖向偏移"(也称基线偏移)的作用是将字符上下调整,常用来制作上标和下标。正数为上升,负数为下降。一般来说作为上下标的字符应使用较小的字号,如图 11 - 13 所示。

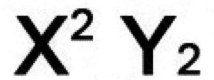

图 11 - 13

强迫形式的名称是为了与文字形式相区别而起的,它的作用和文字形式一样是将字体作加粗、加斜等效果,但选项更多。即使字体本身不支持改变形式,在这里也可以强迫指定。它与字体形式可以同时使用,效果加倍(更斜、更粗)。其中的全部大写字母选项 **TT** 的作用是将文本中的所有小写字母都转换为大写字母。而小型大写字母选项 **Tr** 的作用也是将所有小写字母转为大写,但转换后的大写字母将参照原有小写字母的大小,如图 11 - 14 所示。

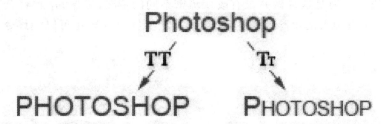

图 11 - 14

⑤"上标"T^1 与"下标"T_1 选项的作用与竖向偏移类似,即增加了可同时缩小字号的功能。下画线选项 **T** 与删除线选项 **T** 的作用是在字体下方及中部产生一条横线。

11.3 段落文字排版及路径文字排版

11.3.1 段落文字的输入

1. 输入段落文本

以上输入文字的方式可以称为点文本,特点就是单行输入,换行的话需要手动回车,如果不手动换行,文字将一直以单行排列下去,甚至超出图像边界。在大多数排版中,较多的文字都是以区域的形式排版的(见图 11-15),一段歌词排列在一个方块背景中。为了让文字与背景配合,需要在每一句的结尾回车换行。这样如果更改了背景的布局方式,文字就不能适应了。

图 11-15

在设计中频繁地改动布局是常有的事,如此更改文字段落自然效率低下。针对这种情况,可以使用段落文本来解决,就如同使用矩形选框工具一样。

用文本工具在图像中拖拉出一个输入框,然后输入文字。这样文字在输入框的边缘将自动换行,如图 11-16 所示。这样排版的文字也称为文字块。

2. 文字的缩放、旋转、倾斜

对输入框周围的几个控制点进行拖拉(将鼠标置于控制点上约 1 秒钟变为双向箭头)可以改变输入框的大小。如果输入框过小而无法全面显示文字时,右下角的控制点将出现一个加号,表示有部分文字未能显示,图 11-16 的红色箭头所指处。在输入框各控制点外部拖拉鼠标可旋转输入框,文字也相应发生旋转,如图 11-16 所示。输入框在完成文字输入后是不可见的,只有在编辑文字时才会再次出现。

在上面所说的调整文字输入框时,只会更改文字显示区域而不会影响文字的大小。如果在调整时按住【Ctrl】就类似自由变换【Ctrl+T】功能,以对文字的大小和形态加以修改。按住【Ctrl】后拖拉下方的控制点可产生压扁效果。对其他控制点如此操作可以产生倾斜的效果,如图 11-17 所示。

自由变换命令也可以令文字块产生相同的效果,但不能使用透视和扭曲选项。要制作那样的效果需要转换为路径。

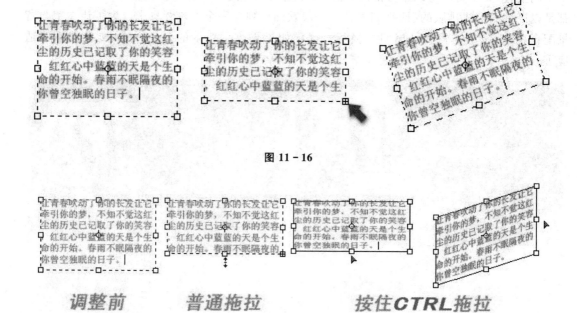

图 11 - 16

调整前　　　　普通拖拉　　　　按住CTRL拖拉

图 11 - 17

掌握了段落文本后,就可以很容易地改变整个文字块的段落,如图 11 - 18 所示。但大家必须明白,从左图到右图,是进行了两处改动的,除了改变了文字块的段落以外,还改变了作为文字块背景的那个圆角矩形的大小。

图 11 - 18

11.3.2　段落调板

段落调板可对段落文本的属性进行细致地调整,使段落文本按照指定的方式进行对齐。段落调板如图 11-19 所示。

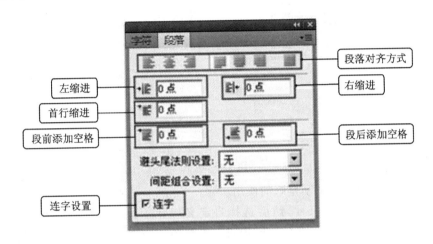

图 11-19

① 段落对齐方式:可调整选中文本的对齐方式。

"左对齐":将文字左对齐,段落右端可能参差不齐。

"居中对齐":文字居中对齐,段落两端参差不齐。

"右对齐":文字右对齐,段落左端可能参差不齐。

"最后一行左对齐":将文字最后一行左对齐。

"最后一行居中对齐":将文字最后一行居中对齐。

"最后一行右对齐":将文字最后一行右对齐。

② "左缩进":可设置从段落的左端缩进,对于直排文字,可控制从段落的顶端缩进。

③ "右缩进":可设置从段落的右端缩进,对于直排文字,可控制从段落的底端缩进。

④ "首行缩进"该选项可设置缩进段落的首行文字,对于横排文字,首行缩进与左缩进有关;对于直排文字,首行缩进与顶端缩进有关。

⑤ "段前添加空格"和"段后添加空格":这两个选项可设置段落间距。

11.3.3　路径文字排版

文字可以依照路径来排列,在开放路径上可形成类似行式文本的效果,如图 11-20 中呈波浪形排列的的 3 个网址文字。还可以将文字排列在封闭的路径内,这样可以形成类似框式文本的效果,如图(a)的数个 H 字母和 T 字母。它们各自所依靠的路径如图 11 - 20 所示,很容易看出前者是两个封闭形,而后者是一条开放形。

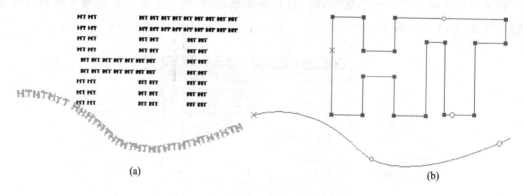

(a)   (b)

图 11 - 20

下面用实例来介绍路径文字排版的使用步骤:

① 新建一个画布时自设尺寸,然后选择自定义形状工具 ,注意绘图方式应为"形状图层"。如图 11 - 21 红色箭头处,然后在形状列表中选择一个心形形状,样式选择为无样式,如图 11 - 21 所示的绿色箭头处。

图 11 - 21

② 在图像中画出一个形状,便建立了一个带矢量蒙版的色彩填充层。在进行下一步之前,要保证路径蒙版中的路径处于激活状态,如图 11 - 22 所示。

③ 选择文本文字工具,将鼠标停留在这个路径之上然后单击,依据停留位置的不同,鼠标的光标会有不同的变化。当停留在路径线条之上时显示为 ;当停留在图形之内将显示为 。请注意这两者的区别,前者表示沿着路径走向排列文字,后者表示在封闭区域排列文字,作用是完全不同的。可将文字工具停留在心形之内,然后单击,出现文字输入光标,输入一些单词(注意每个单词只有都要有一个空格),使其充满整个图形,如图 11 - 23 所示。接下来在段落调板中设置居中,并适当设置左缩进和右缩进的数值,使图案看上去较为舒适些。一般来说在封闭图形内排版文字,都要进行这些设定以达到较好的视觉效果。

删除该形状路性色彩的填充层,看到在文字外为仍然保留有一条封闭路径,与原先图形路径相同,如图 11 - 24 所示。由此可知,虽然这个文字层的排版路径是另外一个图层中的矢量路径而来,但在完成后,其也"克隆"了一条相同的路径留用。可以对这条"克隆并留用"的路径

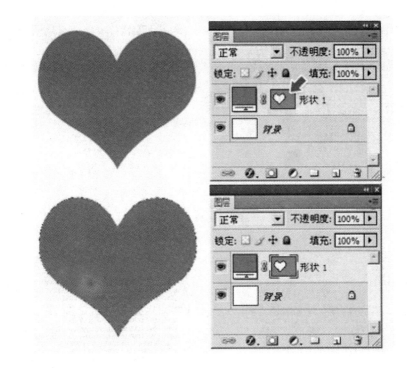

图 11 - 22

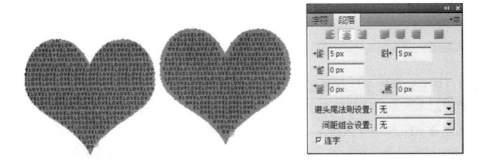

图 11 - 23

进行修改,从而改变文字的排版布局。方法是使用直接选择工具 ,在文字层"留用"的路径上单击一下,就会看到路径上显示出许多节点,用【直接选择工具】调整蓝色箭头处的节点。

　　前面提到过要在每个英文字母后面加上空格,是为了在行末换行时可以让单个字母移到下一行,而如果使用一整个英文单词,则在行末换行时,因为要保证完整性,整个单词将被移到下一行,这样的效果看上去就比较生硬,如图 11 - 25 所示。

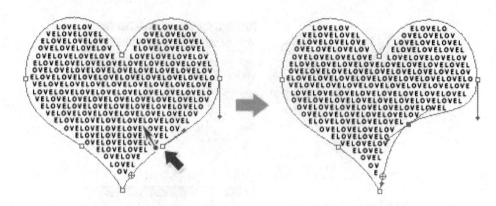

图 11 - 24

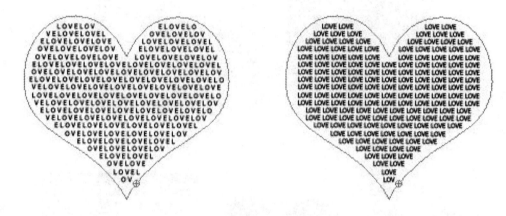

图 11 - 25

　　④ 将已经完成的文字层隐藏起来,并单击色彩填充层的矢量蒙版,使其路径出于显示状态,即使填充层本身出于隐藏状态也有效,如图 11 - 26 所示。将文字工具停留在路径的线条上,注意光标指示应为 ⅉ,在如图 11 - 26 ①处的大致地方单击,即会出现文字输入光标。将字号改为 11px,段落对齐方式为居左,然后输入一行单词,这样就可以形成沿路径走向排列的文字效果,类似下右图。注意在文字的起点处有一个小圆圈标记。

　　⑤ 对于已经完成的路径走向文字,还可以更改其位于路径上的位置。使用【路径选择工具】▶,移动到刚才的小圆圈标记左右,根据位置不同就会出现 ▶光标和 ◁光标。它们分别表示文字的起点和终点,也称为起点光标和终点光标。现在分别将文字的起点和终点移动到大致如图 11 - 27 的位置上。红色箭头处为起点,绿色箭头处为终点。此时就可以在路径上看本来出于重叠的文字起点标志 x 和标志 o。如果将起点或终点标记向路径的另外一侧拖动,将改变文字的显示位置,同时起点与终点将对换,如图 11 - 27 所示。将起点往右下方拖动,文字从

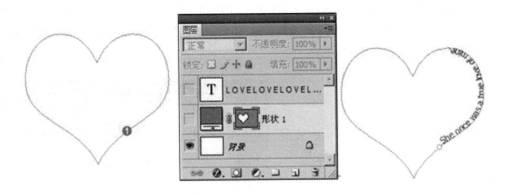

图 11 - 26

路径内侧移动到路径外侧。

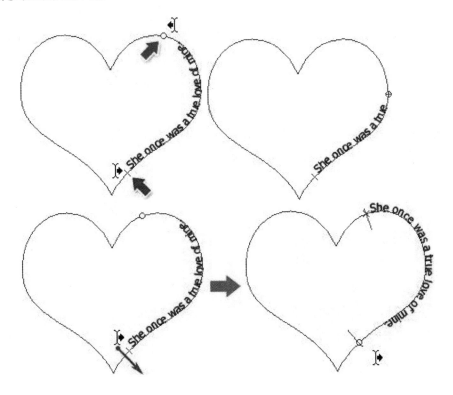

图 11 - 27

　　⑥ 路径走向文字的一个特点就是它都是以路径作为基线的,无论是内侧还是外侧,文字的底端始终都以路径为准,若需要将文字排列在一个比现有的图形路径更大(或更小)一些的

图形路径上,那是否就要先绘制一个更大(或更小)的图形路径呢?不必如此,只需要在字符调板中更改竖向偏移的数值,就可以达到效果。如图 11 - 28 所示为依次更改竖向偏移的数值为 15px 和—15px 所形成的效果。

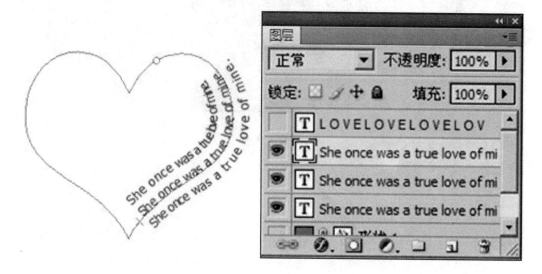

图 11 - 28

现在大家可自己尝试在原有的图形路径上排列多个文字图层,并将颜色、字号、字体、竖向偏移等选项各自调整,形成错落有致的效果,如图 11 - 29 所示。

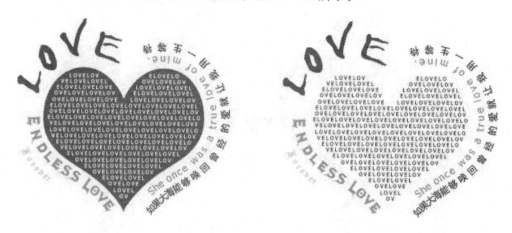

图 11 - 29

一般来说,想要在 Photoshop 中绘制虚线和点线是比较麻烦的,但可以通过路径走向文字来实现。分别以若干字符"—"和字符"."沿路径走向排列,即可形成虚线和点线。还可以综合使用其他字符,如图 11-30 所示。而虚线的形态可以通过字符调板来控制,字号控制虚线的大小,字符间距控制虚线间隙的大小。

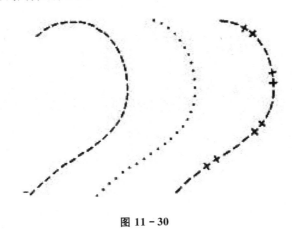

图 11-30

11.4 综合实例——绘制连体文字

图 11-31 为绘制连体欢乐缤纷文字图。

图 11-31

绘制连体文字步骤如下:

① 首先在 Photoshop 中新建文档,大小自定。填充背景色为 C:3 M:95 Y:8 K:0,如图 11-32 所示。

② 输入文字"欢乐缤纷",单击【图层】>【文字】>【转换为形状】,将文字转为路径形状,如图 11-33 所示。

③ 图层中的文字会形成一个矢量蒙版,激活矢量蒙版,如图 11-34 所示。

④ 用【钢笔工具】在"乐"和"纷"的笔画处画出连线,注意结合的部位,如图 11-35 所示。

图 11 - 32

图 11 - 33

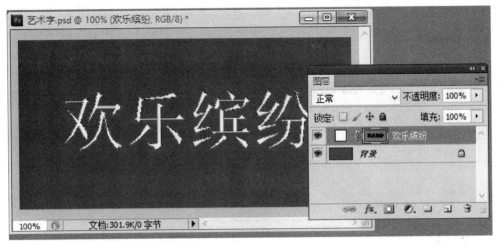

图 11 - 34

图 11 - 35

⑤ 调节笔画相接处的节点,删除多余的节点,如图 11 - 36 所示。

⑥ 按住【Shift】键,同时选住字和笔画的节点,如图的黑圈处选择"组合"方式,使笔画处相连,如图 11 - 37 所示。

⑦ 接着做"欢"字的变形:首先在选择的部首旁绘制形状,然后相加结合,如图 11 - 38 所示。

⑧ 删除"欢"字不需要的部首,绘制变形后的部首。进行节点调节,以达到最后的连接效果,如图 11 - 39(a)、(b)、(c)所示。

⑨ 在用【变形工具】将修改后形状进行"斜切"变形,如图 11 - 40 所示。

⑩ 斜切后仍然可以对节点进行调节,如图 11 - 41 所示。

⑪ 对调节好的形状图层进行图层样式中"投影"、"渐变叠加"、"描边"的设置,如图 11 - 42 所示。

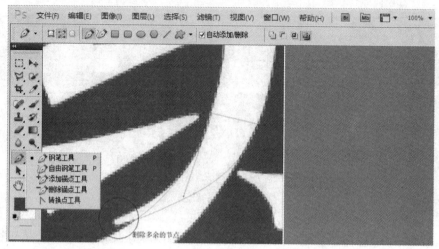

图 11 - 36

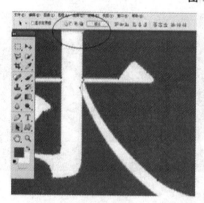 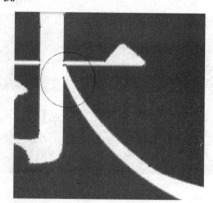

图 11 - 37

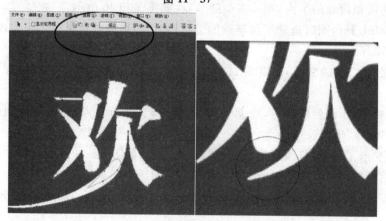

图 11 - 38

(a)

(b)

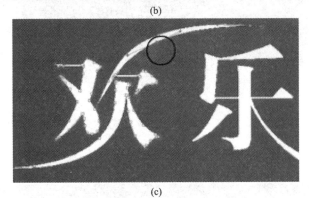

(c)

图 11 – 39

图 11 – 40

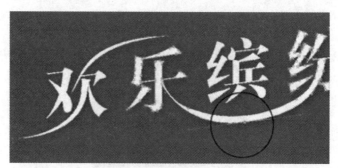

图 11 - 41

图 11 - 42

⑫ 最终效果如图 11 - 43 所示。

图 11 - 43

第12章　滤　镜

滤镜是 Photoshop 的特色之一,具有强大的功能。滤镜产生的复杂数字化效果源自摄影技术,滤镜不仅可以改善图像的效果并掩盖其缺陷,还可以在原有图像的基础上产生许多特殊的效果。滤镜主要具有以下特点:

① 滤镜只能应用于当前可视图层,且可以反复应用,连续应用。但一次只能应用在一个图层上。

② 滤镜不能应用于位图模式,索引颜色和 48bit RGB 模式的图像,某些滤镜只对 RGB 模式的图像起作用,如画笔描边、素描、纹理、艺术效果和视频滤镜等就不能在 CMYK 模式下使用。滤镜只能应用于图层的有色区域,对完全透明的区域没有效果。

③ 有些滤镜完全在内存中处理,所以内存的容量对滤镜的生成速度影响很大。

④ 有些滤镜很复杂或者要应用滤镜的图像尺寸很大,执行时需要很长时间,如果想结束正在生成的滤镜效果,只需按 Esc 键即可。

⑤ 上次使用的滤镜将出现在滤镜菜单的顶部,可以通过执行此命令对图像再次应用上次使用过的滤镜效果。

⑥ 如果在滤镜设置窗口中对自己调节的效果感觉不满意,希望恢复调节前的参数,可以按住 Alt 键,这时取消按钮会变为复位按钮,单击此按钮就可以将参数重置为调节前的状态。

单击"滤镜"菜单,将弹出如图 12-1 所示菜单。下面介绍各组滤镜的作用和部分滤镜的具体使用方法,要了解滤镜的特点,最好的方法是进行各种不同参数的设置实验。只要掌握了常用几个滤镜的使用方法后,再使用其他滤镜也就不难了。

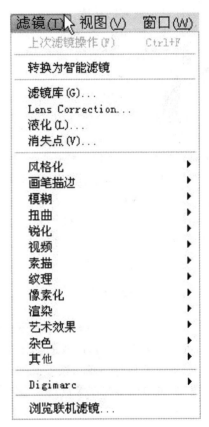

图 12-1

12.1 图像的液化和消失点滤镜

12.1.1 液化滤镜

液化滤镜的作用:使用液化滤镜所提供的工具,可以对图像进行任意扭曲,还可以定义扭曲的范围和强度。还可以将调整好的变形效果存储起来或载入以前存储的变形效果,总之,液化命令为在 Photoshop 中变形图像和创建特殊效果提供了强大的功能。

打开一幅图像,如图 12 - 2 所示。

单击"滤镜"→"液化"命令,将弹出如图 12 - 3 所示"液化"对话框。

在该对话框中,左边是加工使用的液化工具,中间显示的是要加工的当前整个图像(若图像中创建了选区,则显示的是选区中的图像),右边是对话框的选项栏。默认状态下,将鼠标指针移到中间的画面时,鼠标指针变成如图所示形状。用鼠标在图像上拖曳或单击图像,即可获得液化图像的效果。在图像上拖曳鼠标的速度会影响加工的效果。对话框中各区域参数作用如下。

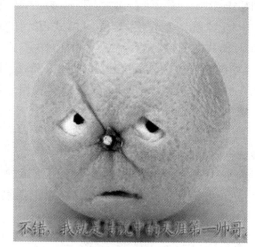

图 12 - 2

1. 液化工具栏

"向前变形工具":单击按下此按钮,设置画笔大小和画笔压力等,再用鼠标在图像上拖曳,可以获得涂抹图像的效果,如图 12 - 4 所示。

"重建工具":单击按下此按钮,设置画笔大小和画笔压力等,再用鼠标在加工后的图像上拖曳,可对变形的图像进行完全或部分的恢复。

"顺时针旋转扭曲工具":单击按下此按钮,设置画笔大小和画笔压力等,使画笔的正圆正好圈住要加工的那部分图像。然后单击按住鼠标左键,即可看到正圆内的图像在顺时针旋转扭曲(也可以用鼠标在图像上拖曳),当获得满意效果时,松开鼠标左键即可,效果如图 12 - 5 所示。

"褶皱工具":单击按下此按钮,设置画笔大小和画笔压力等,使画笔的正圆正好圈住要加工的那部分图像。然后单击按住鼠标左键,即可看到正圆内的图像在逐渐褶皱缩小(也可以用鼠标在图像上拖曳),当获得满意效果时,松开鼠标左键即可,效果如图 12 - 6 所示。

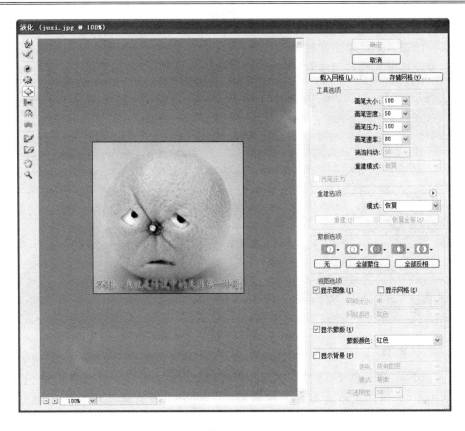

图 12 - 3

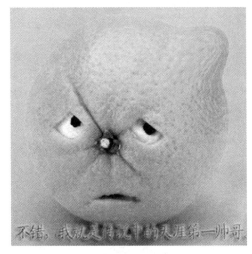

图 12 - 4

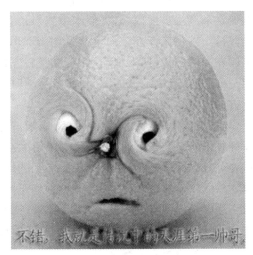

图 12 - 5

　　"膨胀工具"◇：单击按下此按钮，设置画笔大小和画笔压力等，使画笔的正圆正好圈住要加工的那部分图像。然后单击按住鼠标左键，即可看到正圆内的图像在逐渐膨胀扩大（也可以用鼠标在图像上拖曳），当获得满意效果时，松开鼠标左键即可，效果如图 12 - 7 所示。

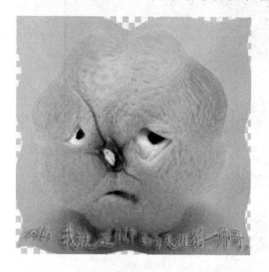

图 12 - 6

图 12 - 7

　　"左推工具"⋙：顾名思义，将鼠标拖动经过的像素向左移动。单击按下此按钮，设置画笔大小和画笔压力等，再用鼠标在图像上拖曳即可。图 12 - 8 为鼠标从下往上拖曳时得到的效果。

　　"镜像工具"⬚：可通过复制垂直于拖动方向的像素来产生反射效果（类似水中映射）。使用"工具"时，当按住鼠标左键向下拖动时，Photoshop 会复制左方的图像；向上拖动时，则复制右方的图像；向左拖动时，复制上方的图像；向右拖动时，会复制下方的图像。

　　"湍流工具"⋙：可平滑地移动像素，产生各种特殊效果。单击按下此按钮，设置画笔大小和画笔压力等，使画笔的正圆正好圈住要加工的那部分图像。然后单击按住鼠标左键，即可看到正圆内的图像在逐渐呈流水变化，（也可以用鼠标在图像上拖曳），当获得满意效果时，松开鼠标左键即可，效果如图 12 - 9 所示。

图 12 - 8

　　"冻结蒙版工具"⬚：可以使用此工具绘制不

被液化的区域。单击按下此按钮,设置画笔大小和画笔压力等,再用鼠标在不想加工的区域拖曳,即可在拖曳过的地方覆盖一层半透明的颜色,建立保护的冻结区域,如图 12-10 所示。这时再用其他液化工具(不含解冻工具)在冻结区域拖曳鼠标,则不会改变冻结区域内的图像。

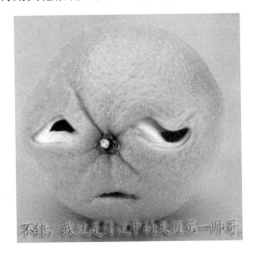

图 12-9

图 12-10

"解冻蒙版工具" :使用此工具可以使冻结的区域解冻。单击按下此按钮,设置画笔大小和画笔压力等,再用鼠标在冻结区域拖曳,则可以擦除半透明颜色,使冻结区域变小,达到解冻的目的。

"抓手工具" :当图像较大,无法完整显示时,可以使用此工具对其进行移动操作。

"缩放工具" :单击按下此按钮,再单击画面,可以放大图像;按住 Alt 键,同时单击画面,即可缩小图像。

2. "液化"对话框中部分选项的作用

① "载入网格":单击此按钮,从弹出的窗口中选择要载入的网格。

"存储网格":单击此按钮可以存储当前的变形网格。

② 工具选项栏:

"画笔大小":指定变形工具的影响范围,取值范围为 1~1 200。

"画笔密度":更改画笔边缘的强度。

"画笔压力":指定变形工具的作用强度。画笔压力越大,拖曳鼠标时图像的变化越大,单击圈住图像时,图像变化的速度也越快。

"湍流抖动":选择"湍流工具"后,此项变为可用。调节湍流的紊乱度。

"重建模式":选择"重建工具"后,此项变为可用。单击此下拉列表框,可以依照选定的模式重建图像。共有恢复、刚性、生硬、平滑、松散 5 种模式。

"光笔压力"：安装了光笔后，此项变为可用。选中它后可使光笔压力起作用。

③ 重建选项：

"模式"：可以选择重建的模式，共有恢复、刚性、生硬、平滑、松散 5 种模式。

"重建"：每单击一次此按钮，可以移去一步扭曲操作。

"恢复全部"：单击此按钮，可以移去图像所有的扭曲，恢复至变形前的状态。

④ 蒙版选项：

"无"：移去所有冻结区域。

"全部蒙住"：冻结整个图像。

"全部反相"：单击此按钮后，可使冻结区解冻，没冻结区域变为冻结区域。

⑤ 视图选项：

"显示图像"：勾选此项，在预览区中将显示要变形的图像，否则不显示图像。

"显示网格"：勾选此项，在预览区中将显示网格。

"网格大小"：选择网格的尺寸。

"网格颜色"：指定网格的颜色。

"显示蒙版"：勾选此项，在预览区中将显示冻结区域。

"蒙版颜色"：指定冻结区域的颜色。

"显示背景"：勾选此项，可以在右侧的列表框中选择作为背景的其他层或所有层都显示。

"使用"：选择使用其他哪一图层或所有层作为背景。

"模式"：设置图层的混合模式。

"不透明度"：调节背景画布的不透明度。

12.1.2　消失点滤镜

"消失点"滤镜允许用户对包含透视面的图像进行编辑，并使图像保持原来的透视效果。现举例说明：

① 打开一幅图像，如图 12-11 所示。将要用"消失点"滤镜去除图像中的小狗。

② 选择"滤镜"→"消失点"菜单，打开"消失点"对话框，选择对话框左侧的"创建平面"工具，在预览窗口绘制一个平面透视网格（这里以地板作为参照物进行绘制），如图 12-12 所示。

③ 选择对话框左侧的"编辑平面"工具，将光标放置在步骤②绘制的透视网格底边的中间控制点上，单击鼠标并向下拖动，改变透视网格的高度，以使小狗图像全部在网格内，如图12-13 所示。

④ 选择对话框左侧的"选框"工具，然后在透视网内绘制一个矩形选区，如图 12-14 所示。从图 12-14 中可知，绘制的矩形选区与透视网格的形状一致。

图 12－11

图 12－12

图 12 – 13

图 12 – 14

⑤ 参数设置如图 12－15 所示。在按住 Ctrl＋Alt 组合键的同时,将光标放置在矩形选区内并单击,当光标呈重叠的黑白双箭头形状时,向左拖动至目标位置,释放鼠标即可将小狗图像覆盖,如图 12－16 所示。如果对位置不满意,可以选择变形工具 对其大小、旋转、水平镜像、垂直镜像的调整。

图 12－15

图 12－16

⑥ 继续使用上一步相同的方法,可根据需要将"修复"不断调整,将图像中的小狗全部覆盖,如图 12－17 所示。

⑦ 如果对处理的图像满意,单击"确定"按钮,关闭对话框。

⑧ "消失点"滤镜对话框内其余部分选项作用如下:

图 12 - 17

"仿制图章"工具：选择此工具，按住 Alt 键，在图像中单击鼠标定义一个源点，然后，拖动光标到目标位置，要复制的图像会随着透视网格发生相应的透视变化。

"画笔"工具：选择此画笔工具后，在其工具属性栏中设置画笔的直径、硬度、不透明度、画笔颜色以及修复选项等参数后可在画布中绘制图像，选择"修复明亮度"可将绘画调整为适应阴影或纹理。使用"画笔"工具绘制的图像也将随着透视网格发生相应的透视变化。

"吸管"工具：点按用于选择绘画的颜色。

12.2　其他滤镜

12.2.1　风格化滤镜

风格化滤镜主要作用于图像的像素，通过移动和置换图像的像素来提高图像像素的对比度。所以,图像的对比度对此类滤镜的影响较大,风格化滤镜最终营造出的是一种印象派的图像效果。单击"滤镜"菜单,选择"风格化",将弹出如图 12 - 18 所示子菜单。图中可以看到风格化滤镜组有 9 个滤镜。

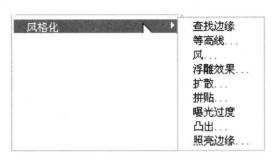

图 12 - 18

1. 查找边缘滤镜

查找边缘滤镜的作用:用相对于白色背景的深色线条来勾画图像的边缘,得到图像的大致轮廓。如果先加大图像的对比度,然后再应用此滤镜,可以得到更多更细致的边缘。打开一张"草莓"图片,如图 12 - 19 所示。

单击"滤镜"→"风格化"→"查找边缘"菜单命令,即可对图像进行查找边缘的效果处理,如图 12 - 20 所示。

图 12 - 19

图 12 - 20

2. 等高线滤镜

等高线滤镜的作用:类似于查找边缘滤镜的效果,但允许指定过渡区域的色调水平,主要作用是勾画图像的色阶范围。"等高线"滤镜对话框中参数作用如下：

色阶：可以通过拖动三角滑块或输入数值来指定色阶的阀值（数值范围为 0～255）。

较低：勾画像素的颜色低于指定色阶的区域。

较高：勾画像素的颜色高于指定色阶的区域。

经过"等高线"滤镜处理的草莓图像如图 12－21 所示。

3. 风滤镜

风滤镜的作用：在图像中色彩相差较大的边界上增加细小的水平短线来模拟风的效果。打开一幅图像，如图 12－22 所示。将画布顺时针旋转 90°后单击"滤镜"→"风格化"→"风"菜单命令，将调出如图 12－23 所示"风"对话框。其参数的作用如下：

图 12－21   图 12－22

"方法"：控制吹风的强度。"风"：细腻的微风效果；"大风"：比风效果要强烈的多，图像改变很大；"飓风"：最强烈的风效果，图像已发生变形。

"方向"：控制风向。"从左"：风从左面吹来。"从右"：风从右面吹来。

图 12－24 为执行了两次"方法"为"风"后，再将画布逆时针旋转 90°的效果。

4. 浮雕效果滤镜

浮雕效果滤镜的作用：生成凸出和浮雕的效果，对比度越大的图像浮雕的效果越明显。"浮雕效果"滤镜对话框的参数和作用如下：

角度：为光源照射的方向。高度：为凸出的高度。

数量：为颜色数量的百分比，可以突出图像的细节。

图 12－25 为草莓图像应用浮雕效果滤镜后的效果。

图 12 - 23

图 12 - 24

图 12 - 25

5. 扩散滤镜

扩散滤镜的作用:搅动图像的像素,产生类似透过磨砂玻璃观看图像的效果。"扩散"滤镜对话框中参数的作用如下:

正常:为随机移动像素,使图像的色彩边界产生毛边的效果。

变暗优先:用较暗的像素替换较亮的像素。

变亮优先:用较亮的像素替换较暗的像素。

各向异性:创建出柔和模糊的图像效果。

6. 拼贴滤镜

拼贴滤镜的作用:将图像按指定的值分裂为若干个正方形的拼贴图块,并按设置的位移百分比的值进行随机偏移。"扩散"滤镜对话框中参数的作用如下:

拼贴数:设置行或列中分裂出的最小拼贴块数。

最大位移:为贴块偏移其原始位置的最大距离(百分数)。

背景色:用背景色填充拼贴块之间的缝隙。

前景色:用前景色填充拼贴块之间的缝隙。

反选颜色:用原图像的反相色图像填充拼贴块之间的缝隙。

未改变颜色:使用原图像填充拼贴块之间的缝隙。

7. 曝光过度滤镜

过度滤镜的作用:使图像产生一种原图像与原图像的反相进行混合后的效果。此滤镜不能应用在 Lab 模式下。单击"滤镜"→"风格化"→"曝光过度"菜单命令,即可将"草莓"图像处理成如图 12 - 26 所示曝光过度的效果。

图 12 - 26

8. 凸出滤镜

凸出滤镜的作用:将图像分割为一系列大小相同的三维立体块或立方体,并叠放在一起,产生凸出的三维效果。此滤镜不能应用在 Lab 模式下。

单击"滤镜"→"风格化"→"凸出"菜单命令,将调出如图 12 - 27 所示"凸出"对话框。其参数的作用如下:

"类型":共有两种分割类型。"块":将图像分解为三维立方块,并用图像填充立方块的正面。"金字塔":将图像分解为类似金字塔型的三棱锥体。

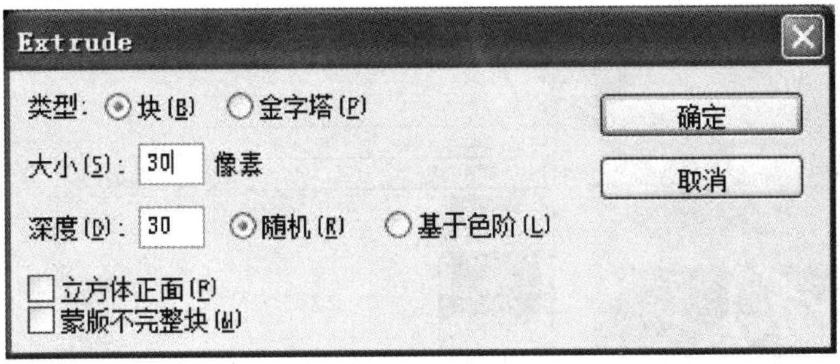

图 12 - 27

"大小"：设置块或金字塔的底面尺寸。

"深度"：控制块突出的深度。

"随机"：选中此项后使块的深度取随机数。

"基于色阶"：选中此项后使块的深度随色阶的
不同而定。

"立方体正面"：勾选此项，将用该块的平均颜
色填充立方块的正面。

"蒙版不完整块"：使所有块的突起包括在颜色
区域。

按照图 12 - 27 所示的设置，即可将图处理成
如图 12 - 28 所示的效果。

9. 照亮边缘滤镜

照亮边缘滤镜的作用：使图像的边缘产生发光
效果。此滤镜不能应用在 Lab、CMYK 和灰度模式

图 12 - 28

下。单击"滤镜"→"风格化"→"照亮边缘"菜单命令，将调出如图 12 - 29 所示的"照亮边缘"对
话框。其参数的作用如下：

可以看出，此对话框和前面介绍过的"扭曲"滤镜组的部分滤镜。"画笔描边"、"素描"、"纹
理"及"艺术效果"滤镜组的所有滤镜对话框是类似的。

边缘宽度：调整被照亮的边缘的宽度。

边缘亮度：控制边缘的亮度值。

平滑度：平滑被照亮的边缘。

图 12 - 30 为对草莓图像进行"照亮边缘"处理的效果。

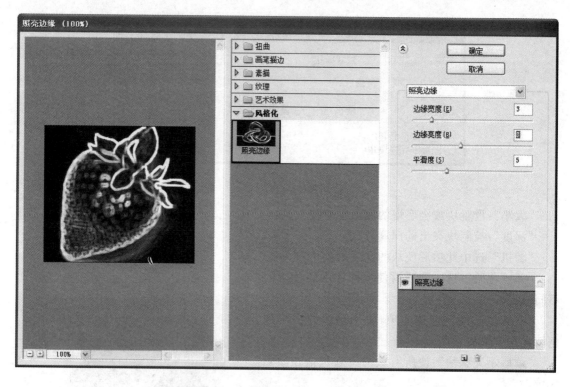

图 12－29

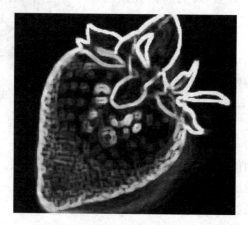

图 12－30

12.2.2 画笔描边滤镜

画笔描边滤镜主要模拟使用不同的画笔和油墨进行描边创造出的绘画效果。此类滤镜不能应用在 CMYK 和 Lab 模式下。单击"滤镜"菜单,选择"画笔描边",将弹出如图 12-31 所示子菜单。可以看到画笔描边滤镜组共有 8 个滤镜。

1. 成角的线条滤镜

作用:使用成角的线条勾画图像。打开一幅图像,如图 12-32 所示。单击"滤镜"→"画笔描边"→"成角的线条"滤镜菜单命令,将调出如图 12-33 所示"成角的线条"滤镜对话框。参数的作用如下:

图 12-31   图 12-32

方向平衡:可以调节向左下角和右下角勾画的强度。
描边长度:控制成角线条的长度。
锐化程度:调节勾画线条的锐化度。
图 12-34 为使用成角的线条后的效果。

2. 墨水轮廓滤镜

作用:用纤细的线条勾画图像的色彩边界,类似钢笔画的风格。

3. 喷溅滤镜

作用:创建一种类似透过浴室玻璃观看图像的效果。单击"滤镜"→"画笔描边"→"喷溅"菜单命令,将调出如图 12-35 所示"喷溅"对话框。参数的作用如下:
在此对话框中还可以很直观地看到"画笔描边"滤镜组的所有滤镜的效果。只需单击相应的滤镜,就可以在左边的预览框中看到应用滤镜后的图像效果。
喷色半径:为形成喷溅色块的半径。

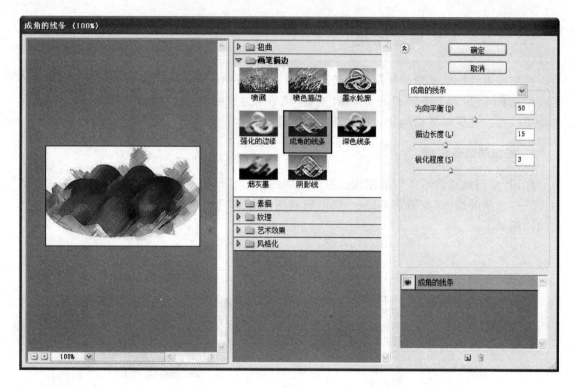

图 12 - 33

平滑度：为喷溅色块之间的过渡的平滑度。

调整参数后，单击"确定"按钮，即可使图像呈喷溅效果，如图 12 - 36 所示。

4. 喷色描边滤镜

作用：使用所选图像的主色，并用成角的、喷溅的颜色线条来描绘图像，使得到的与喷溅滤镜的效果很相似。

5. 强化的边缘滤镜

图 12 - 34

作用：将图像的色彩边界进行强化处理，设置较高的边缘亮度值，将增大边界的亮度；设置较低的边缘亮度值，将降低边界的亮度。

图 12－35

6. 深色线条滤镜

作用:用黑色线条描绘图像的暗区,用白色线条描绘图像的亮区。

7. 烟灰墨滤镜

作用:以日本画的风格来描绘图像,类似应用深色线条滤镜之后又模糊的效果。打开如图 12－37 所示图片,单击"滤镜"→"画笔描边"→"烟灰墨"菜单命令,将调出如图 12－38 所示"烟灰墨"对话框。参数的作用如下:

图 12－36

图 12 - 37

图 12 - 38

描边宽度:调节描边笔触的宽度。

描边压力:为描边笔触的压力值。

对比度:可以直接调节结果图像的对比度。

调整参数后,单击"确定"按钮,即可使图像呈烟灰墨效果,如图 12 - 39 所示。

8. 阴影线滤镜

作用:类似用铅笔阴影线的笔触对所选的图像进行勾画的效果,与成角的线条滤镜的效果相似。

图 12 - 39

12.2.3 模糊滤镜

模糊滤镜主要是使选区或图像柔和,淡化图像中不同色彩的边界,以达到掩盖图像的缺陷或创造出特殊效果的作用。单击"滤镜"→"模糊"菜单命令,即得如图 12 - 40 所示的子菜单命令。由图中可以看出模糊滤镜组有 11 个滤镜。

1. 动感模糊滤镜

作用:对图像沿着指定的方向(-360°至+360°),以指定的强度(1~999)进行模糊。

打开一幅图片如图 12 - 41 所示。单击"滤镜"→"模糊"→"动感模糊"菜单命令,将调出如图 12 - 42 所示"动感模糊"对话框。参数的作用如下:

图 12 - 40

图 12 - 41

角度:设置模糊的角度。

距离:设置动感模糊的强度。

调整参数后,单击"确定"按钮,即可对图像添加动感模糊效果,如图 12 - 43 所示。

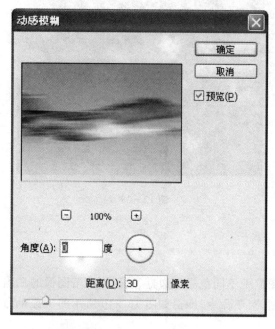

图 12 - 42   图 12 - 43

2. 径向模糊滤镜

作用:模拟移动或旋转的相机产生的模糊。打开一幅图片如图 12 - 44 所示。单击"滤镜"
→"模糊"→"径向模糊"菜单命令,将调出如图 12 - 45 所示"径向模糊"对话框。该对话框没有
图像预览。参数的作用如下:

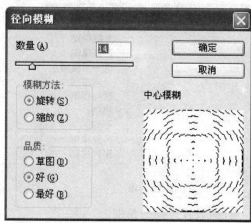

图 12 - 44   图 12 - 45

数量:控制模糊的强度,范围 1～100。

旋转:按指定的旋转角度沿着同心圆进行模糊。

缩放:产生从图像的中心点向四周发射的模糊效果。

品质:有三种品质草图,好,最好,效果从差到好。

调整参数后,单击"确定"按钮,即可对图像添加动感模糊效果,如图 12-46 所示。

3. 特殊模糊滤镜

作用:可以产生多种模糊效果,使图像的层次感减弱。打开一幅如图 12-47 所示图片。单击"滤镜"→"模糊"→"特殊模糊"菜单命令,将调出如图 12-48 所示"特殊模糊"对话框。参数的作用如下:

图 12-46　　　　　　　　　　　　　图 12-47

"半径":确定滤镜要模糊的距离。

"阀值":确定像素之间的差别达到何值时可以对其进行消除。

"品质":可以选择高、中、低三种品质。

"模式":有三种模式。"正常":此模式只将图像模糊;"仅限边缘":此模式可勾画出图像的色彩边界;"叠加边缘":前两种模式的叠加效果。

图 12-49 为使用"正常"模式的效果;图 12-50 为使用"仅限边缘"模式的效果;图 12-51 为使用"叠加边缘"模式的效果。

4. 高斯模糊滤镜

作用:按指定的值快速模糊选中的图像部分,产生一种朦胧的效果。打开一幅图片,如图 12-52 所示。单击"滤镜"→"模糊"→"特殊模糊"菜单命令,将调出如图 12-53 所示"特殊模糊"对话框。参数的作用如下：

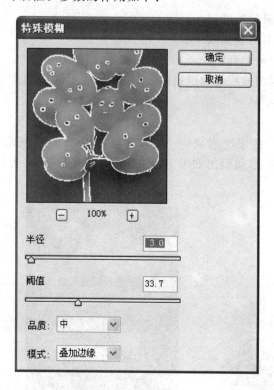

图 12 - 48

图 12 - 49

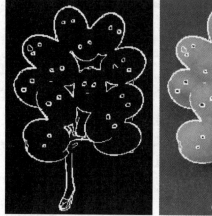

图 12 - 50

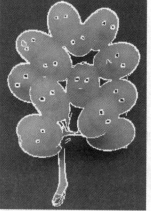

图 12 - 51

图 12 - 52

半径:调节模糊半径,范围是 0-1～250 像素。

调整参数后,单击"确定"按钮,即可对图像添加高斯模糊效果,如图 12-54 所示。

图 12-53　　　　　　　　　　　　　　　　　图 12-54

12.2.4　扭曲滤镜

扭曲滤镜通过对图像应用扭曲变形实现各种效果。单击"滤镜"菜单,选择"扭曲",将弹出如图 12-55 所示子菜单。可以看到扭曲滤镜组共有 12 个滤镜。部分滤镜作用如下。

1. 玻璃滤镜

作用:使图像看上去如同隔着玻璃观看一样,此滤镜不能应用于 CMYK 和 Lab 模式的图像。

打开一幅图像,如图 12-56 所示。单击"滤镜"→"扭曲"→"玻璃"菜单命令,将调出如图 12-57 所示"玻璃"对话框。此对话框与"扩散亮光"对话框类似。参数的作用如下:

扭曲度:控制图像的扭曲程度,范围是 0～20。

平滑度:平滑图像的扭曲效果,范围四 1～12。

纹理:可以指定纹理效果,可以选择现成的磨砂、块状、画布和小镜头纹理,也可以载入别的纹理。

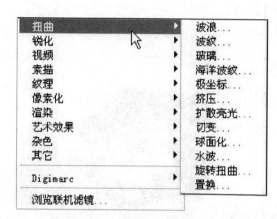

图 12 - 55　　　　　　　　　　　图 12 - 56

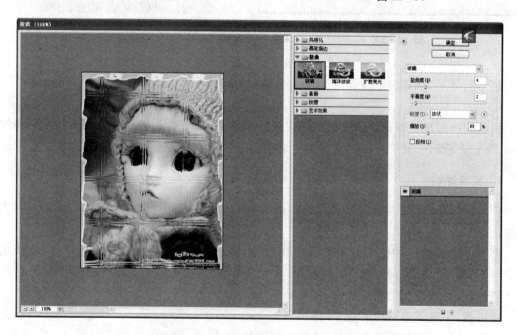

图 12 - 57

缩放：控制纹理的缩放比例。范围是 50％～200％。

反相：使图像的暗区和亮区相互转换。

调整参数后，单击"确定"按钮即可对图像添加"玻璃"效果，如图 12－58 所示。

2. 极坐标滤镜

作用：可将图像的坐标从平面坐标转换为极坐标或从极坐标转换为平面坐标。

调节参数：

平面坐标到极坐标：将图像从平面坐标转换为极坐标。

极坐标到平面坐标：将图像从极坐标转换为平面坐标。

图 12－59 为原图像，图 12－60 为使用平面坐标到极坐标的效果图。

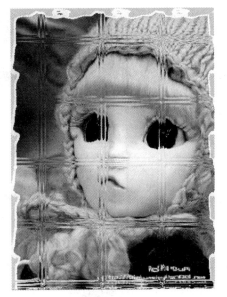

图 12－58

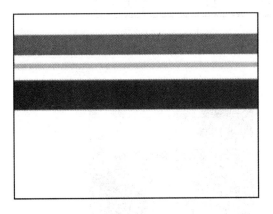

图 12－59

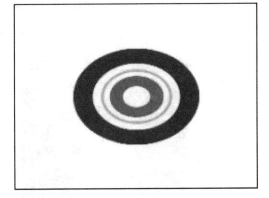

图 12－60

3. 挤压滤镜

作用：使图像的中心产生凸起或凹下的效果。单击"滤镜"→"扭曲"→"挤压"菜单命令，将调出如图 12－61 所示"挤压"对话框。参数的作用如下：

数量：控制挤压的强度，正值为向内挤压，负值为向外挤压，范围是－100％～100％。

图 12－62 为原图，图 12－63 为使用"挤压"滤镜后的效果图。

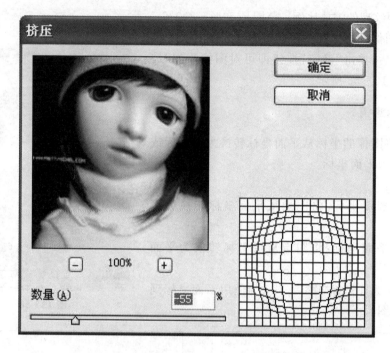

图 12 - 61

图 12 - 62

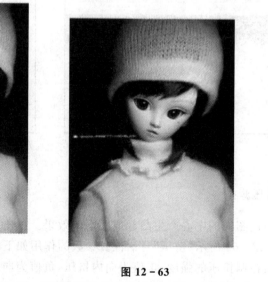

图 12 - 63

4．扩散亮光滤镜

作用：向图像中添加透明的背景色颗粒，在图像的亮区向外进行扩散添加，产生一种类似发光的效果。此滤镜不能应用于 CMYK 和 Lab 模式的图像。

单击"滤镜"→"扭曲"→"扩散亮光滤镜"菜单命令，将调出如图 12－64 所示"扩散亮光滤镜"对话框。参数的作用如下。在此对话框中还可以很直观地看到"扭曲"滤镜组的其他部分滤镜的效果。只需单击相应的滤镜，就可以在左边的预览框中看到应用滤镜后的图像效果。

图 12－64

粒度：为添加背景色颗粒的数量。

发光量：增加图像的亮度。

清除数量：控制背景色影响图像的区域大小。

图 12－65 为原图，图 12－66 为使用"扩散亮光"滤镜后的效果图。

5．切变滤镜

作用：可以控制指定的点来弯曲图像。单击"滤镜"→"扭曲"→"切变"菜单命令，将调出如图 12－67 所示"切变"对话框。参数的作用如下：

图 12 - 65

图 12 - 66

"折回"单选按钮:将切变后超出图像边缘的部分反卷到图像的对边。

"重复边缘像素"单选按钮:将图像中因为切变变形超出图像的部分分布到图像的边界上。

图 12 - 68 为原图,图 12 - 69 为使用"切变"滤镜后的效果图。

6. 水波滤镜

作用:使图像产生同心圆状的波纹效果。单击"滤镜"→"扭曲"→"水波"菜单命令,将调出如图 12 - 70 所示"水波"对话框。参数的作用如下:

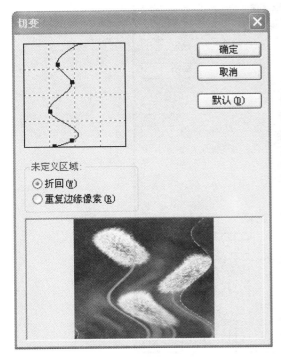

图 12 - 67

图 12 - 68

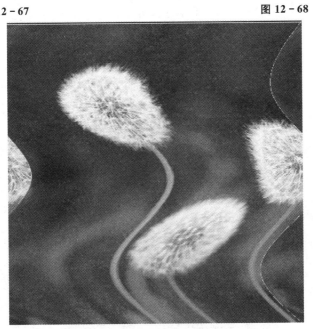

图 12 - 69

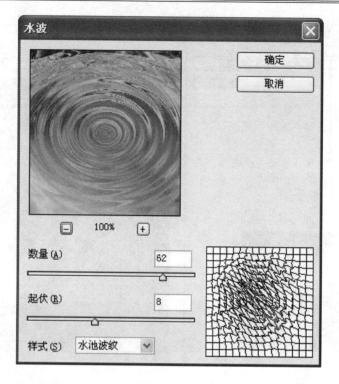

图 12 - 70

"数量":为波纹的波幅。

"起伏":控制波纹的密度。

"样式"下拉列表框:有三个选项:"围绕中心":将图像的像素绕中心旋转;"从中心向外": 靠近或远离中心置换像素。"水池波纹":将像素置换到中心的左上方和右下方。

图 12 - 71 为原图像,图 12 - 72 为使用水波滤镜后的效果图。

图 12 - 71

图 12 - 72

12.2.5 锐化滤镜

锐化滤镜通过增加相邻像素的对比度来使模糊图像变清晰。单击"滤镜"菜单,选择"锐化",将弹出如图 12-73 所示子菜单。图中可以看到锐化滤镜组有 5 个滤镜。

图 12-73

1. USM 锐化滤镜

作用:改善整体看上去柔和、但细节不够清晰的图像。打开一幅图片,如图 12-74 所示。单击"滤镜"→"锐化"→"USM 锐化"菜单命令,将调出如图 12-75 所示"USM 锐化滤镜"对话框。其参数的作用如下:

图 12-74

数量:控制锐化效果的强度。半径:指定锐化的半径。

图 12 - 75

阀值:指定相邻像素之间的比较值。

图 12 - 76 为经过 USM 锐化后图像的效果。

2. 进一步锐化滤镜

作用:使用其他锐化滤镜后,对图像进行再次锐化。

3. 锐化滤镜

作用:产生简单的锐化效果。单击"滤镜"→"锐化"→"锐化"菜单命令,即可对图像进行锐化处理。

4. 锐化边缘滤镜

作用:与锐化滤镜的效果相同,但它只是锐化图像的边缘。

将图 12 - 77 执行"锐化边缘"后的图像效果如图 12 - 78 所示。

图 12 − 76

图 12 − 77

图 12 − 78

5. 智能锐化滤镜

除了传统的"USM 锐化"滤镜,从 Photoshop CS2 开始还新增了"智能锐化"滤镜。该滤镜可以对图像表面的模糊效果,动态模糊效果及景深模糊效果等进行调整,还可以根据实际情况，分别对图像的暗部与亮部分别进行调整。

12.2.6　视频滤镜

视频滤镜属于 Photoshop 的外部接口程序，用来从摄像机输入图像或将图像输出到录像带上。单击"滤镜"菜单，选择"视频"，将弹出如图 12－79 所示子菜单。图中可以看到视频滤镜组有 2 个滤镜。

图 12－79

1. NTSC 颜色滤镜

作用：将色域限制在电视机重现可接受的范围内，以防止过饱和颜色渗到电视扫描行中。此滤镜对基于视频的因特网系统上的 Web 图像处理很有帮助。此滤镜不能应用于灰度，CMYK 和 Lab 模式的图像。

2. 逐行滤镜

作用：通过去掉视频图像中的奇数或偶数交错行，使在视频上捕捉的运动图像变得平滑。可以选择"复制"或"插值"来替换去掉的行。此滤镜不能应用于 CMYK 模式的图像。

12.2.7　素描滤镜

素描滤镜用于创建手绘图像的效果，简化图像的色彩。单击"滤镜"菜单，选择"素描"，将弹出如图 12－80 所示子菜单。可以看到素描滤镜组共有 14 个滤镜。它们一般需要与前景色和背景色配合使用，所以在使用该组滤镜前，应设置好前景色和背景色。此类滤镜不能应用在 CMYK 和 Lab 模式下。

1. 半调图案滤镜

作用：模拟半调网屏的效果，且保持连续的色调范围。打开一幅图像如图 12－81 所示，在观察"素描"滤镜效果时，都以该图为原图像。单击"素描"→"半调图案"，调出"半调图案"对话框，如图 12－82 所示。参数的作用如下：

大小：可以调节图案的尺寸。

对比度：可以调节图像的对比度。

图 12-80

图 12-81

图案类型：包含圆圈、网点和直线三种图案类型。

应用"半调图案"滤镜效果如图 12-83 所示。

2. 便条纸滤镜

作用：模拟纸浮雕的效果。与颗粒滤镜和浮雕滤镜先后作用于图像所产生的效果类似。

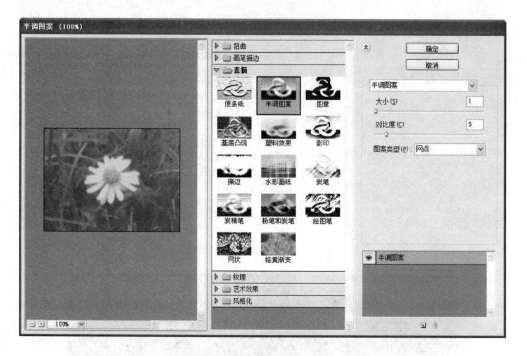

图 12 - 82

图 12 - 83

单击"滤镜"→"素描"→"便条纸"菜单命令,将调出如图 12 - 84 所示"便条纸"对话框。参数的作用如下:

在此对话框中还可以很方便而直观地看到"素描"滤镜组的所有滤镜的效果。只需单击相应的滤镜,就可以在左边的预览框中看到应用滤镜后的图像效果。

图像平衡:用于调节图像中凸出和凹陷所影响的范围。凸出部分用前景色填充,凹陷部分用背景色填充。

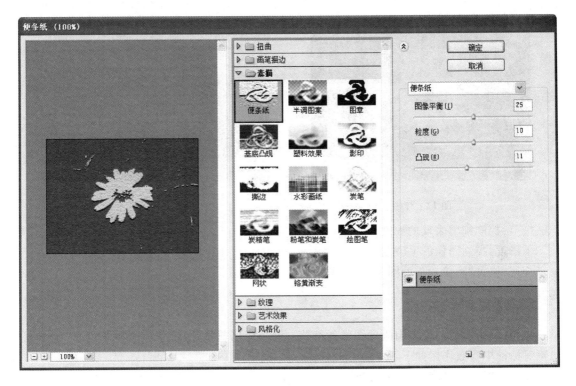

图 12 - 84

粒度：控制图像中添加颗粒的数量。

凸现：调节颗粒的凹凸效果。

应用"便条纸"滤镜效果如图 12 - 85 所示。

3. 粉笔和炭笔滤镜

作用：创建类似炭笔素描的效果。粉笔绘制图像背景，炭笔线条勾画暗区。粉笔绘制区应用背景色；炭笔绘制区应用前景色。"粉笔和炭笔"滤镜对话框中参数的作用如下：

炭笔区：控制炭笔区的勾画范围。粉笔区：控制粉笔区的勾画范围。

描边压力：控制图像勾画的对比度。

应用"粉笔和炭笔"滤镜效果如图 12 - 86 所示。

4. 铬黄滤镜

作用：将图像处理成银质的铬黄表面效果。亮部为高反射点；暗部为低反射点。"铬黄"滤镜对话框中参数的作用如下：

图 12 – 85

图 12 – 86

细节:控制细节表现的程度。

平滑度:控制图像的平滑度。

应用"铬黄"滤镜效果如图 12 – 87 所示。

5. 绘图笔滤镜

作用:使用线状油墨来勾画原图像的细节。油墨应用前景色;纸张应用背景色。"绘图笔"滤镜对话框中参数作用如下:

线条长度:决定线状油墨的长度。

明\暗平衡:用于控制图像的对比度。

描边方向:为油墨线条的走向。

应用"绘图笔"滤镜效果如图 12 – 88 所示。

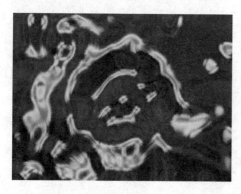

图 12 – 87

图 12 – 88

6. 基底凸现滤镜

作用:变换图像使之呈浮雕和突出光照共同作用下的效果。图像的暗区使用前景色替换;浅色部分使用背景色替换。"基底凸现"滤镜对话框中参数的作用如下:

细节:控制细节表现的程度。

平滑度:控制图像的平滑度。

光照方向:可以选择光照射的方向。

应用"基底凸现"滤镜效果如图 12-89 所示。

7. 水彩画纸滤镜

作用:产生类似在纤维纸上的涂抹效果,并使颜色相互混合。"水彩画纸"滤镜对话框中参数的作用如下:

纤维长度:为勾画线条的尺寸。

亮度:控制图像的亮度。

对比度:控制图像的对比度。

应用"水彩画纸"滤镜效果如图 12-90 所示。

图 12-89

图 12-90

8. 撕边滤镜

作用:重建图像,使之呈现撕破的纸片状,并用前景色和背景色对图像着色。

应用"撕边"滤镜效果如图 12-91 所示。

9. 塑料效果滤镜

作用:模拟塑料浮雕效果,并使用前景色和背景色为结果图像着色。暗区凸起,亮区凹陷。

"塑料效果"滤镜对话框中参数的作用如下：

　　图像平衡：控制前景色和背景色的平衡。

　　平滑度：控制图像边缘的平滑程度。

　　光照方向：确定图像的受光方向。

　　应用"塑料效果"滤镜效果如图 12-92 所示。

图 12-91

图 12-92

10. 炭笔滤镜

　　作用：产生色调分离的、涂抹的素描效果。边缘使用粗线条绘制,中间色调用对角描边进行勾画。炭笔应用前景色;纸张应用背景色。"炭笔"滤镜对话框中参数的作用如下：

　　炭笔粗细：调节炭笔笔触的大小。

　　细节：控制勾画的细节范围。

　　明/暗平衡：调节图像的对比度。

　　应用"炭笔"滤镜效果如图 12-93 所示。

11. 炭精笔滤镜

　　作用：可用来模拟炭精笔的纹理效果。在暗区使用前景色,在亮区使用背景色替换。"炭精笔"滤镜对话框中参数的作用如下：

　　前景色阶：调节前景色的作用强度。背景色阶：调节背景色的作用强度。

　　我们可以选择一种纹理,通过缩放和凸现滑块对其进行调节,但只有在凸现值大于零时纹理才会产生效果。

　　光照方向：指定光源照射的方向。

　　反相：可以使图像的亮色和暗色进行反转。

　　应用"炭精笔"滤镜效果如图 12-94 所示。

图 12 - 93   图 12 - 94

12. 图章滤镜

作用:简化图像,使之呈现图章盖印的效果,此滤镜用于黑白图像时效果最佳。

12.2.8 纹理滤镜

纹理滤镜为图像创造各种纹理材质的感觉。此组滤镜不能应用于 CMYK 和 Lab 模式的图像。单击"滤镜"菜单,选择"纹理",将弹出如图 12 - 95 所示子菜单。可以看到纹理滤镜组共有 6 个滤镜。该组滤镜不能应用在 CMYK 和 Lab 模式下。

1. 龟裂缝滤镜

作用:根据图像的等高线生成精细的纹理,应用此纹理使图像产生浮雕的效果。打开一幅图片,如图 12 - 96 所示。

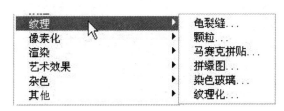

图 12 - 95   图 12 - 96

单击"滤镜"→"纹理"→"龟裂缝"菜单命令,将调出如图 12 - 97 所示"龟裂缝"对话框。

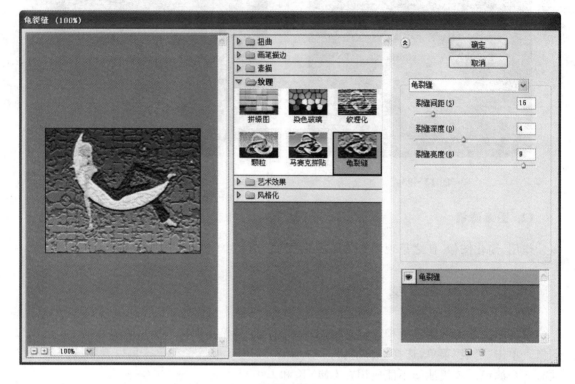

图 12 - 97

裂缝间距:调节纹理的凹陷部分的尺寸。

裂缝深度:调节凹陷部分的深度。

裂缝亮度:通过改变纹理图像的对比度来影响浮雕的效果。

应用"龟裂缝"滤镜的效果如图 12 - 98 所示。

2. 颗粒滤镜

作用:模拟不同的颗粒(常规、柔和、喷洒、结块、强反差、扩大、点刻、水平、垂直和斑点)纹理添加到图像的效果。

3. 马赛克拼贴滤镜

作用:可以将图像处理成马赛克拼贴图

图 12 - 98

的效果。

4．拼缀图滤镜

作用：将图像处理成方块状拼贴图的效果。

单击"滤镜"→"纹理"→"拼缀图"菜单命令，将调出如图 12－99 所示"拼缀图"对话框。可以调节拼贴方块的大小和凸现的大小。

在此对话框中还可以很方便直观地看到"纹理"滤镜组的所有滤镜的效果。只需单击相应的滤镜，就可以在左边的预览框中看到应用滤镜后的图像效果。

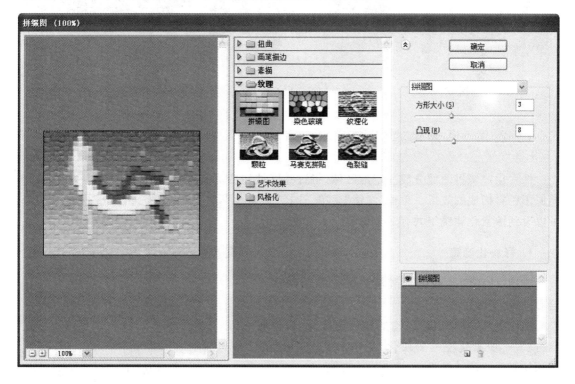

图 12－99

应用"拼贴图"滤镜效果如图 12－100 所示。

5．染色玻璃滤镜

作用：可以在图像中产生不规则分离的彩色玻璃格子的效果。

6．纹理化滤镜

模拟使用系统内的纹理（砖形、粗麻布、画布和砂岩）或载入其他纹理添加到图像的效果。

图 12 - 101 为使用"粗麻布"纹理添加到图像的效果。

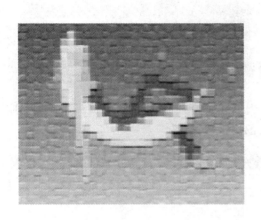

图 12 - 100　　　　　　　　　　　　　　　图 12 - 101

12.2.9　像素化滤镜

像素化滤镜将图像分成一定的区域,将这些区域转变为相应的色块,再由色块构成图像,类似于色彩构成的效果。单击"滤镜"菜单,选择"像素化",将弹出如图 12 - 102 所示子菜单。可以看到像素化滤镜组共有 7 个滤镜。

1. 彩块化滤镜

作用:使用纯色或相近颜色的像素结块来重新绘制图像,类似手绘的效果。

使用方法:"彩块化"滤镜的使用比较简单,单击"滤镜"→"像素化"→"彩块化"菜单命令,即可对图像添加彩块化滤镜效果,如图 12 - 103 所示。

像素化	▶	彩块化
		彩色半调...
		点状化...
		晶格化...
		马赛克...
		碎片
		铜版雕刻...

图 12 - 102

2. 彩色半调滤镜

作用:模拟在图像的每个通道上使用半调网屏的效果,将一个通道分解为若干个矩形,然后用圆形替换掉矩形,圆形的大小与矩形的亮度成正比。

单击"滤镜"→"像素化"→"彩色半调"菜单命令,将调出如图 12 - 104 所示"彩色半调"对话框。其参数的作用如下:

"最大半径"文本框:设置半调网屏的最大半径。

原图像   彩块化效果

图 12 - 103

图 12 - 104

"网角度":

对于灰度图像:只使用通道 1;

对于 RGB 图像:使用 1,2 和 3 通道,分别对应红色、绿色和蓝色通道;

对于 CMYK 图像:使用所有四个通道,对应青色、洋红、黄色和黑色通道。

应用彩色半调的图像效果如图 12-105 所示。

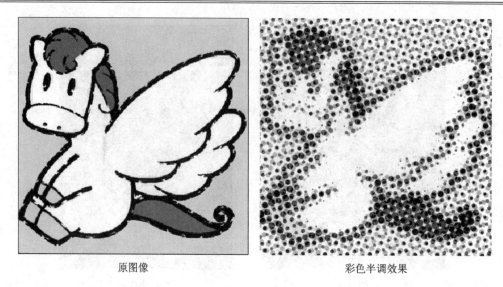

原图像　　　　　　　　　　　　　　彩色半调效果

图 12－105

3. 点状化滤镜

作用:将图像分解为随机分布的网点,模拟点状绘画的效果。使用背景色填充网点之间的空白区域。

单击"滤镜"→"像素化"→"点状化"菜单命令,将调出"点状化"对话框。其参数的作用与"晶格化"滤镜相同。

图 12－106 为原图,图 12－107 为使用点状化滤镜后的效果。

图 12－106

图 12－107

4. 晶格化滤镜

作用:使用多边形纯色结块重新绘制图像。

单击"滤镜"→"像素化"→"晶格化"菜单命令,将调出如图 12-108 所示"晶格化"对话框。其参数的作用如下:

预览框:预览使用晶格化滤镜的图像效果。□按钮:缩小预览图。⊞按钮:放大预览图。

"单元格大小":调整结块单元格的尺寸,不要设得过大,否则图像将变得面目全非,范围是 3～300。

图 12-109 为使用晶格化滤镜后的效果。

图 12-108

图 12-109

5. 马赛克滤镜

作用:众所周知的马赛克效果,将像素结为方形块。单击"滤镜"→"像素化"→"马赛克"菜单命令,将调出如图 12-110 所示"马赛克"对话框。

图 12-111 使用"马赛克"滤镜后的效果如图 12-112 所示。

6. 碎片滤镜

作用:将图像创建四个相互偏移的副本,产生类似重影的效果。

图 12 - 110　　　　　　　　　　　　　图 12 - 111

单击"滤镜"→"像素化"→"碎片"菜单命令,即可对图像添加碎片滤镜效果。图 12 - 113 为将图 12 - 106 执行了碎片滤镜后的效果。

图 12 - 112　　　　　　　　　　　　　图 12 - 113

7. 铜版雕刻滤镜

作用:使用黑白或颜色完全饱和的网点图案重新绘制图像。

　　单击"滤镜"→"像素化"→"铜版雕刻"菜单命令,将调出如图 12 - 114 所示"铜版雕刻"对话框。其参数的作用如下:

　　"类型"下拉列表框:用于选择网点图案,共有 10 种类型,分别为精细点、中等点、粒状点、粗网点,短线、中长直线、长线、短描边、中长描边和长边。

　　图 12 - 115 为图 12 - 111 使用"铜版雕刻"滤镜后的效果。

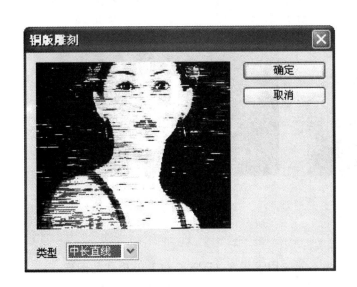

图 12 - 114

图 12 - 115

12.2.10　渲染滤镜

　　渲染滤镜使图像产生三维映射云彩图像、折射图像和模拟光线反射,还可以用灰度文件创建纹理进行填充。单击"滤镜"菜单,选择"渲染",将弹出如图 12 - 116 所示子菜单。子菜单内有渲染滤镜组,即 5 个滤镜。

图 12 - 116

1. 分层云彩滤镜

作用：使用随机生成的介于前景色与背景色之间的值来生成云彩图案，产生类似负片的效果，此滤镜不能应用于 Lab 模式的图像。打开一幅图片，如图 12-117 所示。

单击"滤镜"→"渲染"→"分层云彩"菜单命令，即可给图像添加分层云彩效果，如图 12-118 所示。

图 12-117   图 12-118

2. 光照效果滤镜

作用：使图像呈现光照的效果，此滤镜不能应用于灰度，CMYK 和 Lab 模式的图像。

打开一幅图像，如图 12-119 所示。单击"滤镜"→"渲染"→"光照效果"菜单命令，将调出如图 12-120 所示"光照效果"对话框。参数的作用如下：

"样式"下拉列表框：滤镜自带了 17 种灯光布置的样式，可以单击直接调用，也可以将自己的设置参数存储为样式，以备日后调用。

"光照类型"：分为三种："点光"、"平行光"和"全光源"。"点光"：当光源的照射范围框是椭圆形时为斜射状态，投射下椭圆形的光圈；当光源的照射范围框是圆形时为直射状态，效果与全光源相同。平行光：均匀的照射整个图像，此类型灯光无聚焦选项。全光源：光源为直射状态，投射下圆形光圈。"光照类型"区域右侧的色块设置光照颜色。

"强度"：调节灯光的亮度，若为负值则产生吸光效果。

"聚焦"：调节灯光的衰减范围。

"属性"：每种灯光都有光泽、材料、曝光度和环境四种属性。"属性"区域右侧的色块可以设置环境色。

"纹理通道"：选择要建立凹凸效果的通道。

"白色部分凸出"：默认此项为勾选状态，若取消此项的勾选，凸出的将是通道中的黑色部分。

图 12 - 119

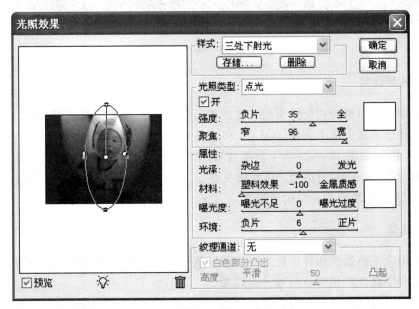

图 12 - 120

"高度:控制纹理的凹凸程度。

图 12-121 为添加"三处下射光"并调整角度等参数后的光照效果。

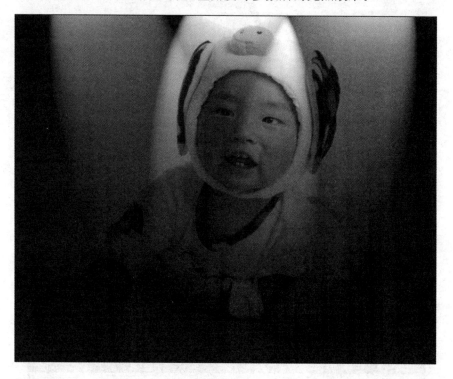

图 12-121

3. 镜头光晕滤镜

作用:模拟亮光照射到相机镜头所产生的光晕效果。通过单击图像缩览图来改变光晕中心的位置,此滤镜不能应用于灰度,CMYK 和 Lab 模式的图像。

打开一幅图像,如图 12-122 所示。单击"滤镜"→"渲染"→"镜头光晕"菜单命令,将调出如图 12-123 所示"镜头光晕"对话框。三种镜头类型:50～300 mm 变焦,35 mm 聚焦和 105 mm 聚焦。图 12-124 为添加镜头光晕的效果。

4. 云彩滤镜

作用:使用介于前景色和背景色之间的随机值生成柔和的云彩效果,如果按住 Alt 键使用云彩滤镜,将会生成色彩相对分明的云彩效果。

设置前景色为蓝色,背景色为白色。单击"滤镜"→"渲染"→"云彩"菜单命令,即可给图像添加云彩效果,如图 12-125 所示。

图 12 - 122

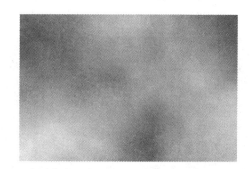

图 12 - 123

图 12 - 124

图 12 - 125

12.2.11　艺术效果滤镜

艺术效果滤镜模拟天然或传统的艺术效果。单击"滤镜"菜单,选择"艺术效果",将弹出如图 12 - 126 所示子菜单。可以看到艺术效果滤镜组共有 12 个滤镜。此组滤镜不能应用于

CMYK 和 Lab 模式的图像。

图 12 - 126

1. 壁画滤镜

作用：使用小块的颜料来粗糙地绘制图像。打开一幅图像如图 12 - 127 所示。"壁画"滤镜对话框中参数的作用如下：

画笔大小：调节颜料的大小。画笔细节：控制绘制图像的细节程度。

纹理：控制纹理的对比度。

应用"壁画"滤镜的效果如图 12 - 128 所示。

图 12 - 127

图 12 - 128

2．彩色铅笔滤镜

作用：使用彩色铅笔在纯色背景上绘制图像。

应用"彩色铅笔"滤镜的效果如图 12 - 129 所示。

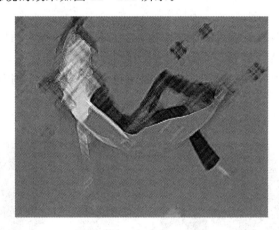

图 12 - 129

3．调色刀

作用：降低图像的细节并淡化图像，使图像呈现出绘制在湿润的画布上的效果。"调色刀"滤镜对话框中参数的作用如下：

描边大小：调节色块的大小。线条细节：控制线条刻画的强度。

软化度：淡化色彩间的边界。

4．干画笔

作用：使用干画笔绘制图像，形成介于油画和水彩画之间的效果。

5．海报边缘滤镜

作用：使用黑色线条绘制图像的边缘。"海报边缘"滤镜对话框中参数的作用如下：

边缘厚度：调节边缘绘制的柔和度。边缘强度：调节边缘绘制的对比度。海报化：控制图像的颜色数量。

6．海绵滤镜

作用：顾名思义，使图像看起来像是在海绵上绘制的一样。"海绵"滤镜对话框中参数作用如下：

画笔大小：调节色块的大小。定义：调节图像的对比度。

平滑度：控制色彩之间的融合度。

应用"海绵"滤镜的效果如图 12－130 所示。

7. 绘画涂抹滤镜

作用：使用不同类型的画笔效果涂抹图像。"绘画涂抹"滤镜对话框中参数的作用如下：

画笔大小：调节笔触的大小。锐化程度：控制图像的锐化值。

画笔类型：共有简单、未处理光照、未处理深色、宽锐化、宽模糊和火花六种类型的涂抹方式。

图 12－131 为使用"未处理光照"涂抹方式加工后的图像。

图 12－130   图 12－131

8. 胶片颗粒滤镜

作用：模拟图像的胶片颗粒效果。"胶片颗粒"滤镜对话框中参数的作用如下：

颗粒：控制颗粒的数量。高光区域：控制高光的区域范围。

强度：控制图像的对比度。

9. 木刻滤镜

作用：将图像描绘成如同用彩色纸片拼贴的一样。"木刻"滤镜对话框中参数的作用如下：

色阶数：控制色阶的数量级。边简化度：简化图像的边界。

边逼真度：控制图像边缘的细节。

应用"木刻"滤镜的效果如图 12－132 所示。

10．霓虹灯光滤镜

作用：模拟霓虹灯光照射图像的效果，默认状态下图像背景将用前景色填充。"霓虹灯光"滤镜对话框中参数的作用如下：

发光大小：正值为照亮图像，负值是使图像变暗。

发光亮度：控制亮度数值。发光颜色：设置发光的颜色。

应用"霓虹灯光"滤镜的效果如图 12 - 133 所示。

图 12 - 132　　　　　　　　　　　　　　图 12 - 133

11．水彩滤镜

作用：模拟水彩风格的图像。

12．塑料包装滤镜

作用：将图像的细节部分涂上一层发光的塑料。

单击"滤镜"→"艺术效果"→"拼缀图"菜单命令，将调出如图 12 - 134 所示"塑料包装"对话框。参数的作用如下：

在此对话框中也可以很方便直观地看到"艺术效果"滤镜组的所有滤镜的效果。单击相应的滤镜，就可以在左边的预览框中看到应用滤镜后的图像效果。

高光强度：调节高光的强度。细节：调节绘制图像细节的程度。

平滑度：控制发光塑料的柔和度。

应用"塑料包装"滤镜的效果如图 12 - 135 所示。

13．涂抹棒滤镜

作用：使用对角线描边涂抹图像的暗区以柔化图像。"涂抹棒"滤镜对话框中参数的作用

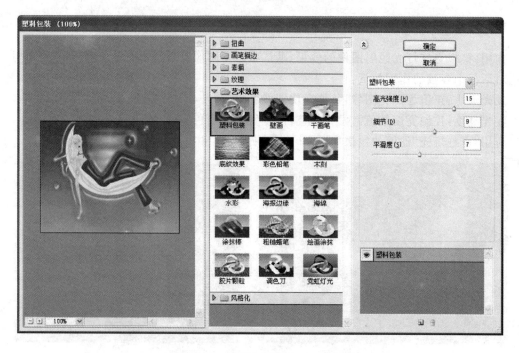

图 12 - 134

图 12 - 135

如下：

　　线条长度：控制笔触的大小。高光区域：改变图像的对比度。

　　强度：控制结果图像的对比度。

12.2.12 杂色滤镜

单击"滤镜"→"杂色"菜单命令,即可看如图 12-136 所示的子菜单命令。由图中可以看出杂色滤镜组有 5 个滤镜。它们的作用主要是给图像添加或去除杂色。部分滤镜用法如下。

图 12-136

1. 去斑滤镜

作用:检测图像边缘颜色变化较大的区域,通过模糊除边缘以外的其他部分以起到消除杂色的作用,但不损失图像的细节。

单击"滤镜"→"杂色"→"去斑"菜单命令,即可对图像进行去斑操作,如图 12-137 所示。

原图像　　　　　　　　　　　　　　去斑效果

图 12-137

2. 添加杂色滤镜

作用:将添入的杂色与图像相混合。打开一幅图片如图 12-138 所示。单击"滤镜"→"杂色"→"添加杂色"菜单命令,将调出如图 12-139 所示"添加杂色"对话框。参数的作用如下:

数量:控制添加杂色的百分比。

图 12 - 138　　　　　　　　　　　　　　　　　　　图 12 - 139

平均分布:使用随机分布产生杂色。

高斯分布:根据高斯曲线进行分布,产生的杂色效果更明显。

单色:选中此项,添加的杂色只影响图像的色调,而不会改变图像的颜色。

调整参数后,单击"确定"按钮,即可对图像添加杂色,效果如图 12 - 140 所示。

图 12 - 140

3. 中间值滤镜

作用:通过混合像素的亮度来减少杂色,可以用来去除瑕疵。打开一幅人物图片,如图 12 - 141 所示,可以看到人物面部有一颗痣。现在使用"中间值"滤镜将这颗痣去掉。

首先用椭圆选框工具将痣及周围区域框选。如图 12 - 142 所示。然后单击"滤镜"→"杂色"→"中间值"菜单命令,将调出如图 12 - 143 所示"中间值"对话框。参数的作用如下:

图 12 - 141   图 12 - 142

图 12 - 143

半径:此滤镜将用规定半径内像素的平均亮度值来取代半径中心像素的亮度值。

适当调整半径后,效果如图 12-143 所示。

12.2.13 "其他"滤镜

单击"滤镜"菜单,选择"其他",将弹出如图 12-144 所示子菜单。可以看到"其他"滤镜组有 5 个滤镜。它们的作用主要是修饰图像的一些细节部分,也可以创建自己的滤镜。

1. 高反差保留滤镜

作用:按指定的半径保留图像边缘的细节。可以删除图像中色调变化平缓的部分,保留色调高反差部分。综合"图层混合模式",可以做出比较清晰的图像。

打开一幅图像,如图 12-145 所示。单击"滤镜"→"其他"→"高反差保留"菜单命令,将调出如图 12-146 所示"高反差保留"对话框。

图 12-144　　　　　　　　　　　　　　　　图 12-145

半径:控制过渡边界的大小。使用比较小的半径可以将图像边缘很清晰地显示出来。半径越大,边缘也越宽。

按照图 12-146 所示的设置,效果如图 12-147 所示。

2. 位移滤镜

作用:按照输入的值在水平和垂直的方向上移动图像。单击"滤镜"→"其他"→"位移"菜单命令,将调出如图 12-148 所示"位移"对话框。其参数的作用如下。

水平:控制水平向右移动的距离。垂直:控制垂直向下移动的距离。

按照图 12-148 所示的设置,可将图 12-145 处理成如图 12-149 所示的效果。

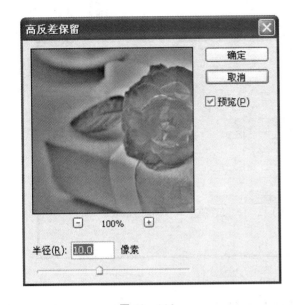

图 12－146

图 12－147

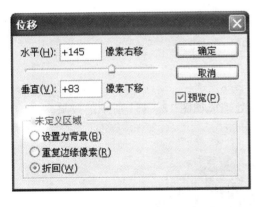

图 12－148

图 12－149

3. 自定滤镜

作用：根据预定义的数学运算更改图像中每个像素的亮度值，可以模拟出锐化，模糊或浮雕的效果。可以将自己设置的参数存储起来以备日后调用。单击"滤镜"→"其他"→"自定"菜单命令，将调出如图 12－150 所示"自定"对话框。其参数的作用如下：

5×5 文本框：中心的文本框代表目标像素，四周的文本框代表目标像素周围对应位置的像素。文本框内的数字表示当前像素的亮度增加的倍数。

计算方法：系统会将图像各像素的亮度值与对应位置文本框中的数值相乘，再将其值与像

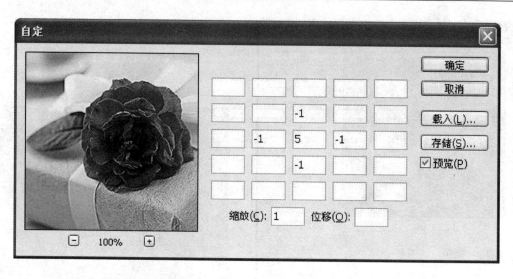

图 12 - 150

素原来的亮度值相加,然后除以"缩放"量,最后与"位移"量相加。计算出来的数值作为相应像素的亮度值,用以改变图像的亮度。

"缩放":用来输入缩放量,其取值范围是 1～9 999。

"位移":用来输入位移量,其取值范围是－9 999～9 999。

"载入":可以载入外部用户自定义的滤镜。

"存储":可以将设置好的自定义滤镜存储。

按照图 12 - 150 所示的设置,可将图 12 - 145 处理成如图 12 - 151 所示的效果。

图 12 - 151

4. 最大值滤镜

作用：可以扩大图像的亮区和缩小图像的暗区。当前像素的亮度值将被所设定的半径范围内的像素的最大亮度值替换。"最大值"滤镜对话框中参数的作用如下：

半径：设定图像的亮区和暗区的边界半径。

5. 最小值滤镜

作用：效果与最大值滤镜刚好相反，用于扩大图像的暗区缩小图像的亮区。

12.3　综合实例——制作西瓜

下面利用滤镜来制作一个西瓜，步骤如下：

① 新建一个画布，并单击"图层"调板中的"创建新图层"按钮 ，创建一个新的普通图层。命名为"瓜体"。

② 选择"椭圆选框"工具，在"瓜体"层拖曳出一个椭圆形选区，如图 12 - 152 所示。

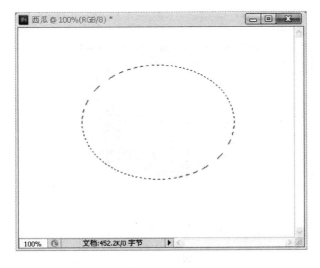

图 12 - 152

③ 设置前景色为淡绿色，背景色为深绿色。选择渐变工具，渐变颜色为"前景色到背景色"，渐变方式为"径向"，在椭圆选区内拖出如图 12 - 153 所示渐变。

④ 再次单击"图层"调板中的"创建新图层"按钮 ，创建新的普通图层，并选择矩形选框工具，在"瓜纹"层拖曳出如图 12 - 154 所示矩形条，填充上深绿色。

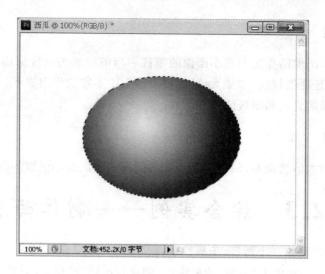

图 12 – 153

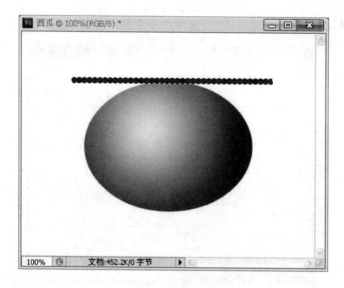

图 12 – 154

    ⑤ 保持矩形选区不取消,选择移动工具,按下 Alt 键,复制出若干矩形条,如图 12 – 155 所示。

    技能点拨:保持矩形选区不取消的状态复制,可使得复制得到的矩形条都在同一个图层上。

    ⑥ 取消选区,确定当前图层是"瓜纹"层,按下 Ctrl 键,单击"瓜体"图层缩略图,将椭圆选区载入,如图 12 – 156 所示。此时图层调板如图 12 – 157 所示。

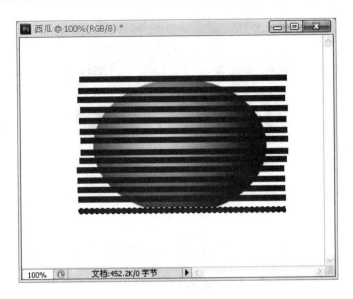

图 12－155

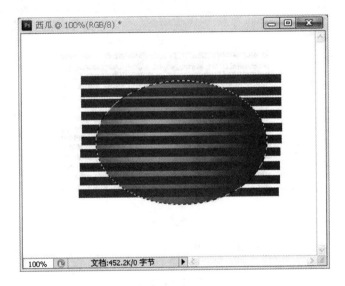

图 12－156

⑦ 执行"滤镜"→"扭曲"→"波纹"菜单命令,调整波纹的数量,效果如图 12－158 所示。

⑧ 执行"滤镜"→"扭曲"→"球面化"菜单命令,参数设置如图 12－159 所示,得到如图 12－160 所示效果图。

图 12 – 157

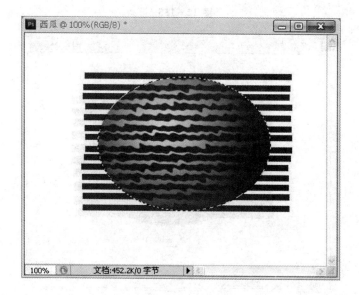

图 12 – 158

⑨ 执行"选择"→"反向"命令,按下 Delete 键,将多余的瓜纹删除,并取消选区。效果如图12 – 161 所示。

⑩ 再新建一个图层,命名"瓜蒂",用矩形选框工具绘制一小矩形选区,填充上灰色,取消选区,如图 12 – 162 所示。

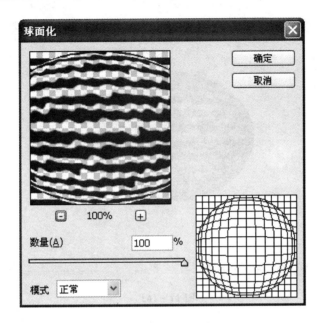

图 12-159

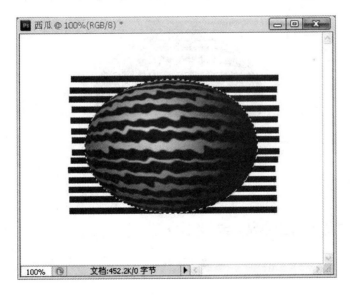

图 12-160

⑪ 执行"滤镜"→"液化"菜单命令,将瓜蒂部分进行扭曲,参数可根据情况灵活调整,得到如图 12-163 所示效果。

图 12 - 161

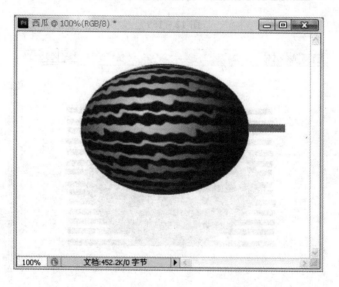

图 12 - 162

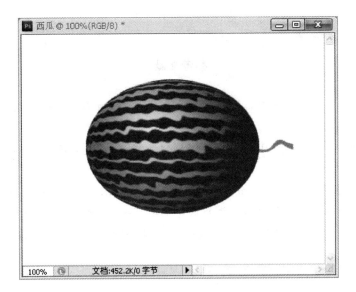

图 12 - 163

参考文献

［1］［美］Adobe 公司．Adobe Photoshop CS5 中文版经典教程［M］．北京：人民邮电出版，2010．

［2］李金明，李金荣．中文版 Photoshop CS5 完全自学教程［M］．北京：人民邮电出版社，2010．

［3］吴希艳，张波，易平贵．Photoshop CS5 从入门到精通［M］．北京：中国青年出版社，2010．

［4］前沿文化．Photoshop CS5 数码照片处理完全学习手册［M］．北京：科学出版社，2011．

［5］李涛．Photoshop CS5 中文版案例教程［M］．北京：高等教育出版社，2012．